非常
建筑

张永和 / 非常建筑　著

程六一　杜　模　译

设计研究体验

广西师范大学出版社
·桂林·

images
Publishing

目录

1 _ 设计研究体验
张永和

2 _ 非常建筑：创新与传统
肯尼斯 · 弗兰姆普敦

6 _ 概念性、城市性和物质性
——阅读张永和与非常建筑的实践
李翔宁

14 _ 物之意
迪耶 · 萨迪奇

18 _ 南东南
张永和

城市体验

24 _ 晨兴数学楼
中国，北京，中国科学院，1998 年

28 _ 桥馆
中国，四川，安仁，2010 年

38 _ 21cake 上海黄浦店
中国，上海，2016 年

42 _ 21cake 上海宝山店
中国，上海，2020 年

46 _ 吉首美术馆
中国，湖南，吉首，2019 年

62 _ 之字大厦
中国，河南，郑州，2019 年

70 _ 嘉定微型街区
中国，上海，2020 年

84 _ 青浦桥
中国，上海，方案设计

日常体验

88 _ 厚薄折
2009 年

92 _ 葫芦
2011 年

96 _ 一片荷
2011 年

98 _ 单位钢椅
2013 年

100 _ 2D-3D 旗袍
2014 年

104 _ 帐桌
2015 年

106 _ 我爱瑜伽
2016 年

110 _ 重组拿破仑
2016 年

室内外体验

112 _ 京兆尹餐厅

中国，北京，2012 年

122 _ 校园回廊

中国，北京，2015 年

130 _ 诺华上海园区实验楼

中国，上海，2016 年

146 _ 砖亭

中国，广东，深圳，2017 年

154 _ 舍得文化中心

中国，四川，遂宁，2019 年

166 _ 雅莹时尚艺术中心

中国，浙江，嘉兴，2021 年

180 _ 环宅

中国，北京，2022 年

188 _ 中国学舍

法国，巴黎，2023 年

198 _ 温州医科大学国际交流中心

中国，浙江，温州，建设中

学习体验

206 _ 中国美术学院良渚校区

中国，浙江，杭州，2021 年（一期），2023 年（二期）

230 _ 可开放幼儿园

中国，北京，2022 年

生活方式体验

240 _ 垂直玻璃宅

中国，上海，2013 年

254 _ 砼器

中国，北京，2018 年

264 _ 坊宅

中国，浙江，宁波，2022 年

山水体验

286 _ 山语间

中国，北京，1998 年

294 _ 二分宅

中国，北京，2002 年

运动体验

304 _ 席殊书屋
中国，北京，1996 年

312 _ 城市骑行服
2014 年

316 _ 单车环
中国，福建，厦门，深化设计

故事体验

324 _ 远洋艺术中心
中国，北京，2001 年

328 _ 上海企业联合馆
中国，上海，2010 年上海世博会

338 _ 微型舞台
2012 年

340 _ 《绘本非常建筑》
2014 年

344 _ 《小侦探》
2015 年

348 _ 《小侦探：寻书记》奥德堡年度汇报
2017 年

352 _ 故宫文物南迁纪念馆
中国，重庆，2020 年

时空体验

366 _ 《竹林七贤》
中国，北京，2015 年

372 _ 未名美术馆
中国，浙江，乌镇，2022 年

390 _ 对话：与张永和"转悠"的一天
397 _ 张永和 / 非常建筑
398 _ 项目信息
404 _ 图片版权

设计研究体验

张永和

在中文里，"非常建筑"在不同语境中的含义大有不同。这个词既可用作名词，意思是"不同寻常的建筑"，亦可用作形容词，指"很有建筑特点的"。不过我的建筑师父亲说他最喜欢的却是另一种解释，他曾半开玩笑地说，"非常建筑"应该是"不正常建筑"。这与其他的理解相比，恐怕没那么讨人喜欢。然而，我发现自己越来越赞同父亲的说法，因为我们在实践"非常建筑"时，除了空间及其围合，我们一直在琢磨能否设计人们认识世界和组织生活的方式，也就是说，我们想设计体验，设计实在的身体感受。

如果一种体验需要在建筑中得以实现，我们很乐意去做典型的建筑设计；然而，如果一种体验需要超越标准的产品，我们就会在建筑和其他领域之间切换思维，以做出适当的设计。比如，针对"吃"的体验，我们可能会设计餐具，甚至食物；或者针对"读"的体验，我们会设计一本书。在这些过程中，总会用到一个建筑师的知识和方法，只不过有点不那么符合常规，有点离经叛道。

这部设计作品集包含了"正常"和"不正常"的作品，所有作品都是围绕体验展开的。本书共介绍了 44 个项目，分为以下 9 个主题：城市、日常、室内外、学习、生活方式、山水、运动、故事、时空。这些主题反映了我们在设计体验时的兴趣走向，同时我们也在自问：

我们能否设计城市？

我们能否设计生活方式？

我们能否设计时间？

我们有多经常到户外生活？

网络虚拟体验给真实生活体验带来了什么样的影响？

我们是否还需要类型学？

我们是否还需要方法论？

我们可能拥有纯粹的建筑体验吗？

策划是设计的一部分吗？

何为整体设计？

何为自然？是景观，还是环境，或是一种理想状态？

何为历史？是知识，还是现实的一部分？

何为透视法？是工具，还是一种概念？

东西方的划分到底意味着什么？

这份清单绝不是我们问题的全部，我们也不确定能否找到其中一些问题的答案，但是这样的挑战一直在推动我们前行。每当我们在想办法解决问题的过程中发现未知的事物，就知道我们可能向前迈出了一步，或大或小。

非常建筑：创新与传统

肯尼斯·弗兰姆普敦（Kenneth Frampton）
建筑师、建筑史学家及评论家
美国哥伦比亚大学建筑、规划与保护研究生院荣休教授

在"文革"时期成长起来的张永和，先在南京工学院（现东南大学）建筑系学习，随后又赴美国鲍尔州立大学以及加州大学伯克利分校留学，并于 1984 年毕业。后来，张永和与同为建筑师的妻子鲁力佳一起创办了非常建筑工作室，这是当时中国最早的独立建筑工作室之一。

张永和在美国留学期间（1981—1984 年），正逢后现代主义的全盛时期，他应该熟悉 1980 年保罗·波多盖希（Paolo Portoghesi）策划的威尼斯建筑双年展，其主展品是名为"主街"（Strada Novissima）的一条布景街道，街道两侧的假想店面均由当时崛起的一代后现代主义建筑师设计。这些建筑师中有很多人来自美国，并深受罗伯特·文丘里（Robert Venturi）的影响，他们用拼贴的手法设计了这些装饰性立面，明显地参考了过去与现在的风格样式。

与此相似，长城脚下的公社也可以被看作后现代主义的一次展示，但这次实践非常明确地体现了建筑师对现代主义思想的吸收与革新。这个项目中每个示范性别墅均由一位亚洲建筑师设计，于千禧年前后完工。

张永和的经典作品——二分宅就坐落于此，项目于 2002 年建成。朱竞翔曾评论称这个激进的作品引发

了一种不可思议的联想：该建筑似乎是某种自然灾害的产物，好像有一股地下溪水变成了湍流，把这栋房子一分为二，但两个分开的部分仍夹着一个三角形露台并"铰接"在一起。或许正是由于这种创伤感，这个后现代主义作品才以独特的姿态，与 1924 年里特维尔德 / 施罗德住宅（the Rietveld/ Schroeder House）所体现的现代主义乌托邦式的构想同样具有训导意义。

二分宅的建造采用了两种蕴含能最低的材料——夯土墙和木框架结构，这一点进一步证实了该作品的重要意义。同样值得注意的是，非常建筑在此之前还设计过另一个山地住宅，即山语间别墅。这座石宅坐落于北京郊区一片地势起伏更加明显的山坡地上，于 1998 年建成。住宅依山势分为三级台地，但整体以一个单坡屋顶覆盖，每个层级在屋顶上凸起一个阁楼，阁楼面南而设，可以通过单独的楼梯进入。

在二分宅里，我们已经能够看出非常建筑对楼梯格外关注，他们将楼梯作为人在空间里做对角线运动的经典表达。一个极富表现力的楼梯更是 2003 年建成的河北教育出版社办公楼中的标志性元素；其实，早在 20 世纪 90 年代末，非常建筑为中国科学院设计的 7 层晨兴数学楼就已经采用了这种设计，

把楼梯放在中庭一侧；而 2016 年建成的诺华上海园区的 5 层实验楼则更为精彩，非常建筑在中庭设计了一个带有多个大平台的宽敞楼梯，每个平台都由颇具动感的独立楼梯连接，这一设计也成为统一实验楼空间的关键元素。本来只是用作通道的楼梯，在这里却成为一个半公共空间，让科学家和研究人员能在此"有创意"地小憩片刻。厚实的楼梯扶手板和平台恰当地使用了轻质的竹材，与贯穿实验室的那种追求高效与透明的机器美学形成了鲜明的对比。除了横向连续的玻璃窗之外，建筑外立面还使用了具有传统意味的灰色陶土瓦，窗户上部起遮阳作用的百叶也使用了相同的材料。实验楼连接着一个由朱育帆设计的庭院，庭院四周的屋顶铺以旧式瓦片，一层的餐厅就面向这里。在这个项目中，传统与创新交织在一起，实现了崭新的结合。

在 2012 年建成的京兆尹餐厅，传统则不可避免地占据了主导地位。非常建筑将一个有两个院子[1]的胡同住宅改造成了一个高级餐厅：第一个院子做成颇具庄重感的室外入口空间；第二个院子设计成一个有盖的大型用餐区，顶部安装全玻璃钢架天窗，令天光透过屋顶覆盖整个空间。

整个餐厅内使用的都是汉斯·瓦格纳（Hans Wegner）在 1944 年设计的中式风格的曲木椅，这种椅子在中国和日本的现代建筑中很常见。为了呼应这位丹麦现代设计大师对中国文化遗珍的致敬，非常建筑设计了同样优雅的木砖和瓦片屏风。

非常建筑具有代表性的景观设计项目是"校园回廊"，这是北京一所学校的校园改造项目，非常建筑的任务是翻修校园空间，使学生及周围居民感觉更加方便与舒适。改造后，这里与其说是一个校园，不如说是一个公园或者别墅花园。

原有的人行步道采用混凝土砌块垂直于人行的方向铺设，铺装边界以参差交错的形式向草地中渗透。步道上方架设木廊架，将校园内的景观围合、切分成一系列"房间"。正交的木格栅随着太阳位置的变化过滤着射入木廊架的自然光。景观设计整体上并没有过多地体现传统中式园林的风格，而是更接近日式园林精神，或者说荷兰新造型主义。长廊单侧悬挑，垂直方向的木架上悬挂座椅供人们遮阴、休息。木方靠近地面处安装了金属夹，让人联想到新艺术风格。非常建筑在对这些廊架的描述中说明了他们让植物与设计随着时间的推移而融合为一个整体的设想。

1　这个项目实际上有三处庭院，除入口边院及玻璃顶覆盖下的室内用餐庭院，另有一处开敞的传统四合院。

我们认为建筑元素……是衔接自然与人工的一种方式，并用小木方搭建出一个双层的结构系统，一方面为使用者提供顶棚和座椅，另一方面也供爬藤植物生长、覆盖。新建的木廊架比原来的石长廊低得多，因此具有更加亲人的尺度。长廊一方面围抱景观，另一方面延伸到场地各处，与周围开阔的绿地完美契合。

在 2012 年的回顾展中，张永和将非常建筑的工作定义为"唯物主义的"。如果从严格的职业意义上来讲，张永和不仅是一名建筑师，也是一名服装、家具和餐具设计师。就此而言，非常建筑的工作更具有意大利设计工作室的特点，既不像中国的，也不像美国的。

服装设计展现了非常建筑出品中最为优雅、充满活力的一面。他们在设计中一贯注重主体的感官体验，而服装设计恰好让他们能以一种最直接的方式来实现这一追求。于是，他们设计了尤其体现包裹感与触摸感的 2D-3D 旗袍，其原型是中国民国时期的传统旗袍，更早可以追溯到满族男子的长袍。

2D-3D 旗袍是他们为当代都市女性的生活方式尝试设计的一款随性、宽松，适合多种场合的服装，而城市骑行服是张永和在服装设计领域的另一次"体验式"探索。或许因为对自行车的可持续性一直念念不忘，他才设计了这个系列的服装。自行车在过去的中国曾是最主要的交通工具，如今，尽管汽车占据了主导地位，但仍有很多人骑自行车出行。

非常建筑在其他一些项目中也表现出了对自行车环保性的推崇。比如，他们在 2019 年为厦门设计了一个螺旋式的、名为单车环的商业设施；2015 年为上海设计了青浦桥，这座具有地区性规模的双层钢筋混凝土桥有一个特殊的设计——将自行车道和机动车道设置在不同的桥面上。先知先觉的周榕认为这些设计最早可以追溯到 1996 年的席殊书屋，那是张永和第一个设计建成的作品，其中就使用了杜尚式的自行车轮。虽然书屋仅存在了短短几年，但它彻底改变了中国设计的生态。

服装设计总是会以某种形式出现在非常建筑的作品中，例如，他们为讲述魏晋时期 7 位意气风发的文人故事的空间剧《竹林七贤》设计了舞台布景和戏装。他们将不同颜色的聚丙烯布料分别卷成一个圆筒，并随机剪裁开口做成宽大的服装；演员在表演过程中会以不可预知的方式穿着，借此展现身体姿势和内心情绪的变化，因此每件戏装也就具有了独特性。这跟此戏抽象的舞台设计十分相似：用细钢管构成的中央表演场，从环绕的观众席上的不同方位看过去，有时可以被解读为一座宫殿，有时可以被理解为一片传说中的竹林。

在家具设计方面，非常建筑最简洁、优雅的作品莫过于他们为中国最早的生产曲木家具公司之一——曲美家居做的设计。非常建筑为该公司创作了"我爱瑜伽"系列家具，其中的曲木桌椅都呈现出拟人化的形态。除了这些家具以外，非常建筑还为 21cake 蛋糕店设计了陈放蛋糕、面包等的曲木小推车。

张永和在设计实践中逐渐形成了一种强烈意识,即无论东方还是西方的传统,都应在现代得以延续。经他重新设计的中国传统枨桌就出其不意地体现了这一点,他曾写道:

> 重新设计的枨桌将传统的枨放大很多,同时使其在形式上更具表现力。此次枨桌设计希望通过将一个先例的逻辑推向极致,模糊传统与现代的界限。

经过放大的枨加强了对整个桌面的支撑,形成拉伸表皮结构,与现浇的钢筋混凝土有类似的整体效果。

近年来,非常建筑在设计中越来越多地使用混凝土。两个由中国传统廊桥转译为博物馆的项目(2010 年的安仁桥馆和 2019 年的吉首美术馆)都使用了大跨度、轻微拱起的混凝土板。同时,他们也大量使用木模板浇筑混凝土,这种清水混凝土(bêton brut)首先出现在勒·柯布西耶(Le Corbusier)1952 年建成的马赛公寓中。该建造方式使张永和将混凝土与汉字"土"和"木"联系起来,产生了他的"土木"观念。在 2021 年建成的宁波东钱湖四栋坊宅中,张永和也使用了木模清水混凝土,其有木纹质感的不透明性促成了"土"和"木"的神奇融合。而同年在建的浙江未名美术馆,其清水混凝土墙面对于实现建筑空间的反透视也是不可或缺的。美术馆建成后将用来收藏传奇画家吴大羽的毕生作品。

非常建筑与其他当代建筑事务所一样,在使用混凝土时都面临着一种后现代的困境:这种材料曾与 20 世纪上半叶现代主义运动对自由的追求联系在一起,但我们现在不得不承认,它的生产也确实存在环境问题。然而,正是混凝土材料无限的可塑性使得非常建筑得以在中国美术学院良渚校区实现了优美的连续拱顶,同时其侧高窗给工坊带来充分的天光。非常建筑为这所新型综合性大学的新校区设计了一系列开放式、顶部采光的拱顶教学空间,并将它们排列成一个线性、多层次的建筑矩阵,同时令一组可容纳 4000 名学生的 5~10 层的宿舍楼穿插其中。良渚校区有望成为包豪斯(德绍,1926 年)和乌尔姆设计学院(乌尔姆,1955 年)的先进教学法在 21 世纪的延续。

非常建筑一直以来都热衷于服装设计,因此也就顺理成章地为该校设计了一系列大褂,供学生日后穿着。这些大褂的设计灵感或许来源于亨利·霍布森·理查森(H.H. Richardson)身穿修士袍拍的古怪照片,也可能来自张永和看过的一张舞台照片,照片中的学生们都穿着想象中的大褂,这个画面让人不禁联想到一组呼捷玛斯(Vkhutemas,俄罗斯高等艺术暨技术学院)的学生照片,该校在俄国革命后经历了辉煌的十年。

在过去的 30 年间,非常建筑展现了非凡的设计才能,其作品涵盖多个领域,充满趣味与活力。这些作品不仅展现了另一种现代性的样貌,也为未来中国社会构建了充满生命力并适应环境的物质文化。

概念性、城市性和物质性
——阅读张永和与非常建筑的实践

李翔宁

建筑理论家

同济大学建筑与城市规划学院院长、教授

2016 年，我在哈佛大学策划了一次题为"走向批判的实用主义：当代中国建筑"的展览，其中展出了 60 位中国最具代表性的建筑师的 60 件建筑作品。这也是当代中国建筑在美国的首次大规模群体展示。巧合的是，这些建筑师中最年长的张永和生于 1956 年，展览同年他刚好 60 岁。按照中国传统纪年法，60 年为一个甲子，这个巧合赋予了展览特殊的历史与象征意义。毫无疑问，张永和影响了整整一代青年建筑师，启发了他们的实验性和批判性思维。同时，他也是当代中国建筑转型的重要见证人和推动者。

很多文献都把张永和独立工作室的成立标记为当代中国建筑走向繁荣的序章。在中华人民共和国成立之后的几十年里，国有大中型设计院一直是中国建筑设计的主体单位。20 世纪 80 年代后，私营建筑公司开始出现，但真正脱离国有体系、产生公共影响力，还要等到 1993 年后，那年张永和与同为合伙人的妻子鲁力佳创立非常建筑，离开美国并开启了他们在国内的建筑实践。从 80 年代到 90 年代中期，《建筑师》《世界建筑导报》等国内杂志往往

围绕张永和、王澍、刘家琨等独立建筑师的实践展开有关实验建筑的讨论，标志着一种不同于国有设计院体系的实践道路的兴起。他们通过实验和借鉴西方最新的建筑理论与实践，向主流模式发起挑战。他们饱含热情，将建筑视为另一种迷人而发人深省的当代文化，在国内掀起一股建筑文化思潮。

张永和被年轻一代视为楷模，他的职业生涯激励了当年建筑界的后起之秀。张永和出生于建筑世家，他也是"文革"后首批赴美的留学生之一。在美国学习期间，张永和获得了多项国际建筑设计竞赛奖，广受同辈赞誉。80 年代到 90 年代，建筑专业的中国学生在他的影响下开始积极关注国外建筑学动态，参与国际设计竞赛。张永和参加日本新建筑住宅设计竞赛的作品——垂直玻璃宅，在二十多年后的上海 2013 西岸建筑与当代艺术双年展上最终落成。即使以今天的眼光来看，他的作品依然体现了对行业惯例与固有模式的强烈批判与挑战。

张永和的成功让年轻一代建筑师看到了一条有别于主流设计机制的独立实践道路，追求批判性与实验

价值。同时，他也是首位在国际上获得认可的中国建筑师。在 2000 年以前，张永和可以说是国际建筑展上唯一的中国建筑师代表。2005 年，他出任美国麻省理工学院建筑系主任，开创了中国建筑师执掌国外建筑学院的先例。更重要的是，非常建筑工作室就此成了连接青年建筑学生、国外建筑教育和独立建筑实践的桥梁。非常建筑传递的思维模式和设计经验也成就了很多青年建筑师的独立实践之路，使他们在当代中国建筑界占据一席之地。

阅读张永和并不容易。自 20 世纪 90 年代初张永和回国后，近 30 年的专业实践涵盖了方方面面，从建筑到室内，再到服装、家具和舞台设计，还包括媒体和当代艺术。这些方面共同构成了具有完备的内在逻辑的复杂体系，需要仔细剖析。

在几十年的设计实践中，张永和的作品似乎一直关注着 3 个主题——概念性、城市性和物质性。我们从这 3 个主题出发也许能更好地理解他的设计思维与实践思考的不断发展和演化。

概念性

张永和的建筑实践与美国建筑师彼得·艾森曼（Peter Eisenman）有些许相似之处。他们都倾向于把建筑和哲学结合起来。如果不理解张永和作品背后的思想体系，也就难以从物质层面解析他的作品。换句话说，张永和的建筑作品既是传统意义上的建筑，也隶属于一种自我指涉的话语系统。相较于艾森曼枯燥、抽象的理论体系，张永和的建筑哲学里布满了小的分支，里面有戏法，有幽默，还有一丝丝狡黠的思考，其魅力常使观众忘记自我。概念性作为主线，贯穿了他迄今为止的所有作品。在张永和看来，建筑是独立于建造与使用之外的想法映射与建筑语言体系的表达。这种概念性的方法可以通过多种方式呈现，比如用风趣的文字进行叙事，或者用建筑本体论的语言进行表达，抑或通过当代艺术中高度抽象的概念性建筑的实践进行体现。

张永和早年的旅美经历使他格外关注理论和概念。他在文章《匡溪行》中探讨了"理论建筑"的本质。而

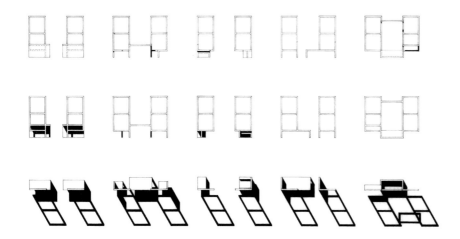

图 1 窗具，1989—1991 年

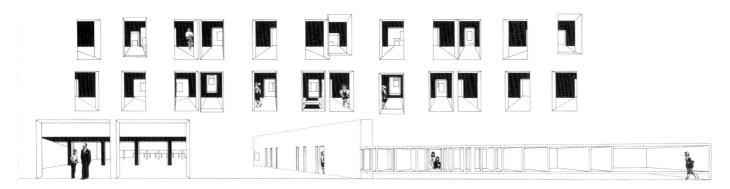

图 2 幼儿（窗）园，1992 年

在鲍尔州立大学罗德尼·普雷斯（Rodney Place）教授的"不定性实验室"（Laboratory of Uncertainty）的学习经历，引发了他对诸如自行车等日常物品的探索，以及尝试用这些物品主导空间叙事的兴趣。这些想法随后渗透于他的设计之中，比如自行车宅和席殊书屋里带轮子的书柜。此外，艺术装置、文学以及电影也是张永和的灵感源泉。伊丹十三（Juzo Itami）的《蒲公英》（Dandelion）和希区柯克（Alfred Hitchcock）的《惊魂记》（Psycho）、《后窗》（Rear Window）等电影都对张永和的作品产生过很大的影响，比如他在洛阳做的幼儿园设计（图1、图2），以及在柿子林别墅中体现出来的取景器理念。

由于这些理念通常围绕着人们熟知的视觉图像或物品展开，因此更具故事性，也更容易被非建筑专业人士理解。相比之下，由于绕不开建筑自治性和现代性等话题，一般的概念建构往往很抽象。从这个角度来看，张永和的探索和实践对中国当代建筑本体论的转化做出了重要贡献。

在《向工业建筑学习》一文中，张永和指出现代主义最大的成就在于"清除了意义的干扰，建筑就是建筑本身，是自主的存在，不是表意的工具或说明他者的第二性存在"。这些理念在今天看来似乎很容易被接受，然而在深受形式主义、后现代主义和解构主义影响的20世纪90年代，与美学相关的形式语言常被奉为令建筑师自豪的基本功，而张永和却主张谨慎使用乃至将其摒弃，转而追求解决建筑的基本问题。很多知名艺术评论家也难以接受他的建筑观，认为张永和的建筑"即便不丑，也只是个无趣的方盒子"，与艺术家和公众欣赏的诸如弗兰克·盖里（Frank Gehry）那种自由流动的风格相去甚远。然而，正是在他的引领下，很多独立建筑师才将西方现代主义建筑的基本观念带回国内，给大家补上了这些重要的课程。

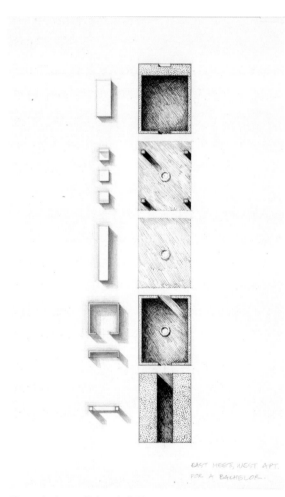

图 3 四间房——单身公寓草图

图 4 四间房——单身公寓

城市性

雷姆·库哈斯（Rem Koolhaas）认为尺度至关重要。美国文学评论家弗雷德里克·詹姆逊（Fredric Jameson）曾将约翰·波特曼（John Portman）设计的洛杉矶博纳旺蒂尔酒店称作微型城市。中国经过 30 年的快速城市化发展，建设项目的尺度越来越大，导致很多建筑都转化成了微型城市。包括张永和在内的中国建筑师把当代建筑的城市性看作一个重要的出发点。相较于城市规划中的城市化概念，张永和实践中的城市主义更多地是从建成环境的视角来分析城市的。

我一直很喜欢非常建筑设计的平面图，它们充分反映了张永和的想法：在中国，建筑师接受的训练就是把房子当成整体，每个房间代表整体中的一部分。在他看来，小型建筑也能体现延展的城市结构：房间、楼梯或过道等单元都可被当作独立的"建筑单体"，而由它们组成的"建筑群体"构成了一座微型城市。根植于早年间的一些概念性装置设计，张永和在实践中一直注重探讨建筑作为微型城市的隐

喻。这种倾向最早出现在一个概念设计竞赛的参赛作品"四间房"（图 3、图 4）中，而后在中国科学院晨兴数学楼中变得更加明显。在这个项目中，张永和把研讨室、卧室、会议室、办公室和计算机房等 5 个主要功能分区当作不同的建筑单体，并通过独立的过道相连。他在小尺度上对建筑各部分关系的精准把控，为这座微型城市创造了一种明晰的节奏。

在《小城市》一文中，张永和认为城市性的关键不在尺度，也不在设施，而在密度。他的很多作品都从不同层面探索了密度问题。河北教育出版社办公楼通过不同功能体量的堆叠体现了建筑密度，构成一座垂直城市。韩国三湖出版社项目也运用了类似的设计理念。在嘉定微型街区的规划中，张永和在统一的规划条件下通过各异的设计来最大化地利用建设用地，在工业园区中实现超高密度的社区，营造有机共生的街区体验。

在张永和近期的作品中，小到单层的未名美术馆，

大至犹若造城的中国美术学院良渚校区，项目虽然在尺度上天差地别，但在设计逻辑上综合了他对城市性的探索。未名美术馆反映了非常建筑对简单、纯粹的空间元素与空间原型的热衷，比如盒子、有透视感的走廊、好似暗箱的楔形空间，以及单坡屋顶的狭长建筑。这些小房子通过一系列的过道和庭院相互串联，创造了满足观察、运输、休闲、表演、呼吸和冥想的多功能开放区域。空间的叠加构成拥有神秘光影的合院，犹如意大利画家乔治·德·基里科（Giorgio de Chirico）画中的城镇广场。良渚校区属于字面意义上的微型城市。传统校园中垂直堆叠的教学用房在这里转化成为水平排布的连续空间，恰似城镇向四方绵延伸展。

物质性

2012 年，张永和与非常建筑在北京尤伦斯当代艺术中心举办了题为"唯物主义"的作品回顾展。张永和通过混凝土、石膏、夯土等 6 组材料的不同建造方式勾勒出展览的 6 个模块。这可能是他追求建筑物质性的最好例证。

回归物质性也许是张永和对概念性的再思考和超越。

尽管他早期的作品也依赖建造，但是对于概念的关注往往超过了具体的建造方法和材料。在卸任麻省理工学院系主任后，他又开始把更多的注意力放在建造实践本身上（图 5）。相较于建筑观念中形而上的思考，他所说的"唯物主义"更多的是表达自身兴趣点与作品重心的转移。在近期的作品中，他对材料的关注主要体现在两个方面：一是对各类新老材料在建造过程中使用方式的革新；二是探索建筑在传统的居住和文化功能以外作为城市基础设施的可能性。这两个方面在他的很多作品中交织体现。

在位于长城脚下的二分宅项目中，张永和开启了对传统建造材料——夯土的探索。在设计 2010 年上海世博会的上海企业联合馆时，他在外墙使用了大量的聚碳酸酯，这种可以通过回收废旧光盘获取的材料不仅绿色环保，还能用来收集太阳能。在接下来的一系列作品中，张永和开始引入自己对材料和建造工艺的研究成果，深圳的砖亭（2017 年建成）、南京的玻璃钢宅（2018 年封顶）应运而生。在2019 年北京举办的"探索家——未来生活大展"上，张永和使用 3 毫米多孔玻璃纤维增强混凝土（GRC）板为作品"砼器"提供围护，展现了传统混凝土材料的发展和革新。在巴黎国际大学城"中国之家"项目中，他把黏土砖运用到高层建筑上。在设计中

图 5 曾位于圆明园内的非常建筑办公室

国美术学院良渚校区时，他又对混凝土材料进行了创新改造。这些独特的诠释与创造都备受瞩目。

张永和对中国传统建筑材料的使用可以追溯到他对竹子的探索。在其 2000 年的作品"竹化城市"中，他以活竹为立面材料，并根据植物的生长方式提出了"城市绿色基础设施"的概念。把建筑和基础设施结合起来的理念在他近期的项目中也有所体现。四川安仁的桥馆拥有大跨度结构，形似拱桥，可看作展馆与步行桥的功能叠加。这种构想在近期建成的湖南吉首美术馆中再次得到充分的展现。它上方的混凝土拱桥内部设有画廊，下方的钢拱桥则保留跨河步行街的功能。同时，它还有泄洪的作用，使桥的功能更加合理。

以上 3 个方面在某种意义上反映了不同时期张永和学术兴趣与研究重心的转变。同时，三者并非互相排斥，而是作为统一的整体贯穿张永和的职业生涯。

如果以梯度图来表现当代建筑师的方法和实践策略，那么建筑本体论的空间和形式往往居中，理论和概念居左，建造、工程和材料居右。大多数职业建筑师把建筑看作一种设计创新，他们的知识体系和建筑实践方法难免会呈现出一种梭形图像。张永和却很少单独讨论空间形式，从实践初期对概念性叙事

的注重，到后来对建造工艺和材料的热衷，这些经历使他的建筑观呈现出两端呼应的哑铃形。他对城市性、物质性和基础设施的思考也是概念性的一种重要体现。

张永和是独一无二的。仔细观察他的学术和实践经历，不难发现，张永和既是建筑师，也是建筑思想家和作家。在当代中国建筑师中，很少有人像张永和这样在多个领域都有广泛的兴趣和丰富的实践。他是一个时代的开创者，是独立实践的先锋，也是当代中国建筑史上举足轻重的人物。在北京大学、麻省理工学院、同济大学师从张永和的学生中，在其工作室历练过的年轻人中，很多人都成了同辈中的杰出代表。在过去的 30 年间，追随他的中国建筑师或多或少受到了他的实践和理念的影响。2016 年，张永和获得了自然建造·中国建筑传媒奖颁发的"实践成就大奖"，他的重要性和独特性不言而喻。

物之意

迪耶·萨迪奇（Deyan Sudjic）
设计 / 建筑评论家
前伦敦设计博物馆馆长

在漫长的历史中，建筑一直包含设计。然而，这两个相关实践领域之间的角力却由于时间的推移和文化的不同而不断变化，就像牙医学和医学、诗歌和散文的关系一样。在工业化前的欧洲，设计虽然从属于广义的建筑活动，但至关重要。当时，建筑用的家具和配件等，如门把手、桌椅、壁炉和窗框，都是为具体项目定制的。如果这个物件或者项目被认为足够重要，那就请一位有名的建筑师或者画家绘制图纸，让工匠照着去施工。否则，隐名的工匠就会根据民间传统或循先例或务实地来做。

这些物品的设计从它们作为有机组成的建筑中脱颖而出。它们是为特定的空间或材料条件构想的。人们认为建筑师设计的家用物品一定和该建筑师设计的建筑有着共同的基因，这种观点长期以来通过不同的方式得以表达。埃内斯托·罗杰斯（Ernesto Rogers）论及建筑师职责的延伸时曾说："从城市到勺子。" 对此句名言的逻辑推论是：只要仔细研究密斯·凡·德·罗（Mies Van der Rohe）设计的椅子，就有可能凭直觉猜想出他想要建造什么样的城市。艾莉森和彼得·史密森夫妇（Alison and Peter Smithson）也执着于椅子背后更深层次的意义，有过类似的讨论。赫里特·里特费尔德（Gerrit Rietveld）设计的红蓝椅更是明确传递了他在乌德勒支设计的施罗德住宅的精髓。

从 18 世纪开始，新兴的工业生产方法改变了建筑和设计之间的关系。英国古典主义建筑师罗伯特和詹姆斯·亚当（Robert and James Adam）创办了自己的工厂，批量生产装饰用的石膏天花板、踢脚板和壁炉，这些产品不仅用于他们自己的建筑项目，也按米数计价供应给其他承包商。

有些建筑师在建筑建成后还会继续设计配件。例如，勒琴斯（Lutyens）为他设计的每一栋房子定制灯具和家具。但是工业化逐渐拉开了设计和建筑、使用者和制造者之间的距离。工厂制度的发展使设计师作为一种新的职业出现。在这个过程中，建筑师的任务逐渐变成选择和指定批量生产的物品。

近些年，很多生产商热衷于请有名的设计师为他们设计产品，从迈克尔·格雷夫斯（Michael Graves）的烧水壶到弗兰克·盖里（Frank Gehry）的蒂芙尼（Tiffany）袖扣，因为他们想要利用人们对明星设计师的崇拜文化打造签名产品，但这与建筑的传统特质无关。20 世纪 80 年代，人们一度非常追捧那些浮夸的设计师签名产品。为了和菲利普·斯塔克（Philippe Starck）竞争，建筑师们争相设计只是作为符号或礼品的产品。斯塔克后来也设计房子，但从形式上看就是大尺度的物体，或许算不上建筑。

图 1 1876 年北京的古城墙

图 2 现在北京的胡同

图 3 北京圆明园的方河

图 4 曾位于北京圆明园里的非常建筑工作室

张永和对家居用品的关注即在此大背景下展开，但带着更深层次的兴趣。意大利设计品牌阿莱西（Alessi）因邀请众多建筑名家为其设计产品而出名，从格雷夫斯（Graves）到阿尔多·罗西（Aldo Rossi），从亚利山德罗·门迪尼（Alessandro Mendini）到伊东丰雄（Toyo Ito）。他们设计的产品也是从刀具到腕表，不一而足。其产品目录多年来一直都是由门迪尼策划的，它看起来不像一本产品手册，而更像是一个时下的建筑展。张永和受邀加入该公司合作的设计师行列并不奇怪。在过去的20年里，中国加速了从外来建筑理念消费者和复制者到自己主张传播者的转变。

说到此处，我们有必要回顾一下张永和的个人经历。张永和生于1956年。从20世纪50年代起，由于各种原因，北京的大部分老城墙（图1）被拆除，胡同（图2）也遭到损毁，令人十分痛心。后来，张永和去了美国深造，并长期留美任教。他在20世纪末才回到北京，和他的建筑师妻子鲁力佳共同创立了中国最早的独立建筑工作室之一——非常建筑。当时，中国正在经历一个不同的却也痛苦的环境巨变。一造十几幢的高层建筑成了建筑尺度的基本单位。基于张永和的经历及他与北京新兴文化的关系，他本可以创建"一台建筑机器"从事这类生产，尽量修正那些过激做法，并赋予其产品一定质量，但他没

有这么做，他挣扎着想做一种更谨慎、适度的建筑，这种建筑可以提供连续性，提供在极速变化中放慢的机会。

用北京的标准衡量，张永和做的项目都不大。在刚开始的10年里，他设计了若干个私人住宅、几个展览空间、一个书店，还有一个出版社的办公楼。这些建筑里都隐约有连续性的元素，这种连续性有时涉及20世纪之前的中国，有时涉及不久前然而也同样消失在中国大变革之前的年代。这是张永和的建筑以及其他设计作品里体现出来的一种特有的敏感性。

张永和为阿莱西设计了一个不锈钢的荷叶托盘，似在提醒人们，食物曾经是用叶子而不是盘子盛的。这片荷叶还与1860年被英法联军焚毁的圆明园遗址中的荷塘有关，因为从2003年到2014年，张永和的工作室曾在那里（图3、图4）。当时，颐和园的大部分也遭到破坏，并于1888年重建。张永和的荷叶托盘，既不是单纯的怀旧，也不是对逝去传统的复兴，而是更接近于一种普鲁斯特式的对时光流逝的感慨。这个显然属于我们这个时代的托盘在试图修复文化断层带来的创伤。这个盘子的设计基础是张永和捡回来的一片荷叶，他将荷叶晾干后进行数字扫描，最终将有机的形式转化为金属的产品。

张永和设计的"单位钢椅"也运用了类似的逻辑，这把椅子的原型是中国曾经随处可见的一种批量生产的家具，便宜且广泛适用，现在它被赋予了新的含义。从 20 世纪 50 到 70 年代，中国各地都在生产这种木头椅子，它无处不在，以至于被人们忽略，就像"大跃进"以来人们穿的蓝色和绿色制服一样。如今的中国拥有强大的制造力，这种椅子也早就被宜家、无印良品和其他本土产品替代。使用角钢和新的颜色重做这把椅子是为了唤醒记忆，也是为了创造一种有深度、能引起共鸣的新设计。

帐桌是关于旧时的中国的，厚薄折屏风也是如此，后者通过使用富美家的专利人造石——色丽石（Surrel）呈现竹子和宣纸的感觉。这两个设计使用了不同的方法，但都试图将损伤的视觉文化中破碎的千丝万缕重新编织起来，因为张永和乐观地相信在创伤之上吸取教训能够帮助我们更深刻地理解当下。

中国以非凡的速度发展出了有自身特色的当代建筑。1992 年，我第一次来北京的时候，中国正处于改革开放初期，整个城市只有两个当代建筑，一个是贝聿铭（Ieoh Ming Pei）设计的香山饭店，另一个是丹顿 - 廓克 - 马歇尔公司（Denton Corker Marshall）设计的澳大利亚大使馆。现在的北京不乏世界著名建筑师最惹人注目的作品，当然也不乏他们一些失败的尝试。更重要的是，北京已经培育了新一代的中国建筑师，他们也拥有了自己的声音。

相比之下，中国设计实践的发展却偏缓慢。这个问题并不局限于中国。假如说设计是工业革命及使用者和制造者、客户和工匠分割的产物，那么其在亚洲的发展过程则不同于建筑——要么是开始时参照欧洲模式，要么是日本、中国、韩国等经济体高速发展带来价值链的提升以及具有自己文化特点的消费品生产。

张永和的作品总是关注细节，时而顽皮，正如他对蛋糕、侦探小说的兴趣所揭示的那样，同时又一贯地含蓄。他用最具创意也最有趣的方式解决对立的冲突，那就是创造一种连续感，并从中汲取创新的素材。

图 5 张永和为约翰·洛布（John Lobb）设计的皮鞋

南东南

张永和

希尔伯塞默，廊

我们通常用二元对立来描述、理解这个世界，东方和西方即是一例，即东西方每每构成相对的两面，比如，饮食方式、穿着习惯以及建筑风格，等等。东西方的差异当然存在。我无意质疑东西说的逻辑基础。但是，我不确定东西二元论是否有助于认识人类居住状况，至少在北半球。

城市：在西方，"高层城市"是经典的现代城市原型之一，由德国建筑师路德维希·赫尔伯塞默（Ludwig Hilberseimer）设计于1924年（图1）。在该城内，所有的板式公寓皆为南北走向，每个住宅单元上下午都有阳光进入，与板楼平行的街道在午时则被阳光贯穿。在东方，1976年大地震后中国城市唐山根据新的规划重建，全城的板式住宅皆为东西走向（图2）。尽管两个城市的布局方向一横一纵，却有着完全一致的目标：最大化日照。如果不将此二城一个作为西方城市一个作为东方城市，而是一个作为北方城市一个作为南方城市进行对比，一个清晰的逻辑就会显现出来：两个城市规划的日照考虑相近，但在北方和南方可以说是两个不同的太阳在分别影响着高纬度区和低纬度区的具体建筑设计对策。"高层城市"是为德国及周边区域构想的，那里即使夏日阳光亦非炎炎，不但无躲避东西日晒之需，而且建筑面向东西还能收获更多日照；而在唐山及大部分中国城市，高日照角度的南侧成为住宅的最佳朝向，东西向则和夏季早晚高温的辐射热联系在一起。日照的地理学促使建筑学的思维转了一个90度的弯。

建筑：世界上某个地区的建筑可以不经改动地移植到另外一个地区吗？

美国南方住宅外部常常围绕着一圈开敞的廊子（图3）。剥掉这层外廊，里面很可能是一座双坡顶的砖房，立面上规律地排列着小窗，即北方建筑典型的模样。就是说，廊是一个促成了北方建筑发生转变的南方空间，它既给室内房间提供了遮阳，又构成了一个半户外的生活场所。如果我们沿水平向环绕地球，会发现世界其他地区也有带外廊的建筑，都在偏南的区域。廊告诉我们：建筑空间携带着地理的基因。

偶有空间类型摆脱了纬度的定义，如美国加利福尼亚的睡廊。太平洋温暖的气流使南北跨度极大的加州气候普遍温和。在20世纪初期，以开敞的半户外空间形式出现在住宅中的睡廊在加州一度盛行，因为人们认为睡眠时吸入新鲜空气对健康有益。地理条件，体现为海洋、山脉、沙漠等，往往可以左右

图1 高层城市，南北街道透视，1924年，德国建筑师路德维希·赫尔伯塞默作品

图2 1976年大地震之后重建的唐山

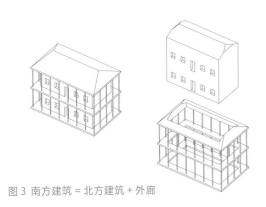

图 3 南方建筑＝北方建筑＋外廊

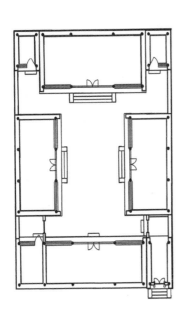

图 4 典型四合院平面

气候，因此左右着建筑；还可以抹杀南北差异，将建筑从纬度的局限中解脱出来，如太平洋之于加州睡廊，但仍然不能颠覆建筑服从气候的规律。

如果我们的生活被温度、日照、降水等气候因素统治着，我们就应该将南北方，而不仅是东西方，作为我们观察世界的重要视角。廊，引出了户外生活的话题，下面则在南北比较且侧重东亚与南亚的建筑语境里，将这一讨论展开。位于东亚的中国正是我设计实践的地理环境。

辛德勒，院

我在北京一个四合院里长大（图 4）。"四合"不仅描述了院子的围合程度，也表明了这个空间的完整性和建筑性。这里的院是一间无顶居室，日常生活、节庆活动均可在此发生。小时候冬日在院子里晒太阳的情景，我至今记忆犹新。四合院的剖面使冬季寒风沿周边屋顶的曲线吹过，造就了院子里的微气候。就中国而言，北京无疑位于北方，相较而言户外起居更是属于南方的生活习惯，那么是否也可以认为北京是大南方的北边缘？院在中国从南到北被广泛地采用，当然也因为它是扩大生活空间最经济的方法之一。

另一个或许更激进的户外生活的案例把我们带回加州。建筑师辛德勒（Rudolf Schindler）在西好莱坞为自用设计的住宅中没有常规意义上的起居室（图 5，见第 20 页），有的是四间同样的工作室兼卧室，同住的两对夫妇每位一间。每对夫妇各有一个配置了壁炉的院，作为起居、待客的空间。很显然，辛德勒要最充分地利用南加州温暖、干燥的气候，并从中推导出新的住宅建筑及生活方式。因此，各家也少不了一个睡廊，但这次是在屋顶上。不过，我不肯定称辛德勒的户外居室为"院"是否合适。它不封闭，没有内向的城市性，和北京四合院完全不同。也许可称之为开放院落？辛德勒在建筑图纸上的标注用词是"patio"，译成中文即露台，或更贴切。那中国院子也可叫作围合露台？这里关注的并非修辞的问题，而是要将全球不同区域的户外生活空间放在一起研究、比较。也许不应让任何的标签——院子还是露台——限制我们对户外居住空间的想象。

巴瓦，灰空间

斯里兰卡建筑师巴瓦（Geoffrey Bawa）认为家乡的气候如此宜人，房间应该直接连通户外，中间连一层玻璃的阻隔也不要，如他在哥伦坡33巷的自宅。巴瓦贯彻户外生活方式之彻底，使他开车也只开敞篷车。当巴瓦把在盐河的废弃橡胶园改造成自己的周末花园别墅时，他仅在原有农舍的一侧加建了一个无墙的顶棚（图6），那是他在盐河主要的工作、休息、待客的地方。英语中没有一个专门的词语可以定义这样一间户外房间。意大利语中的凉廊（loggia）比较接近，但它通常是一面开敞，而巴瓦的房间是多面通透。意大利有凉廊这样的半户外房间而英国没有的事实，恰恰说明了两国地理位置上一南一北的差异。从欧洲南下到中国，描述这类建筑空间的词语就多了起来：高度开敞的亭、轩；在南方常常南面打开或南北打通的厅、堂；再有过渡性的或依附于其他建筑或独立的廊。建筑学中的半室外空间与半室内空间的区别似乎是个立场问题。日本"灰空间"的概念则覆盖了所有的"之间"区域。

灰空间的意义不仅在于建立起一个新的建筑空间类型概念，它既内又外的特质更体现了人类想亲近自然的本性。一个区域的气候是否宜人是相对主观的。位于北纬6度的哥伦坡对北京人来说气候炎热，相应地，位于北纬40度的北京对斯里兰卡人说来一定非常寒冷；但这两地的气候对当地居民来说都并不

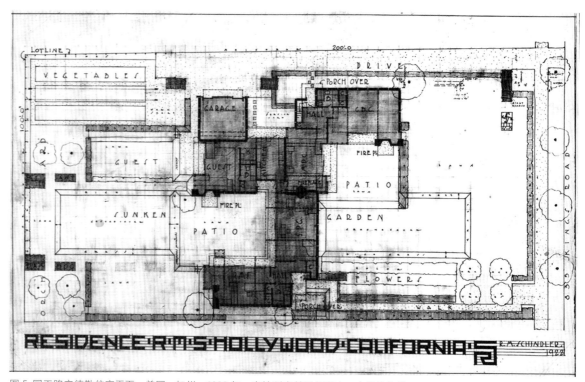

图5 国王路辛德勒住宅平面，美国，加州，1922年，奥地利裔美国鲁道夫·辛德勒作品

图6 卢努甘卡庄园，增加的"室外房间"

图 7 清院本《十二月令图（九月）》（局部）

图 8 北宋郭忠恕《临王维辋川图》（局部）

极端，甚至宜人。自然吸引着我们每一个人。在清代，"十二月令"曾是一个流行的绘画主题。画中无论酷暑还是严冬，建筑往往是大窗洞开（图 7）。但这是旧时生活的真实写照？恐非全然。不封闭的建筑在一定程度上反映了该时代在保温隔热技术上的局限，但画中美好的自然环境及热烈的户外活动无疑表达了人对内外无界建筑的向往。唐代诗人王维与巴瓦有相仿之处，王维置下辋川别业（图 8），每筑一屋便赋诗一首。择其一如下：

<u>文杏馆</u>

文杏裁为梁，香茅结为宇。

不知栋里云，去作人间雨。

此诗可谓一篇既现实又奇幻的建筑记录：头两句依施工顺序点出不同材料（文杏、香茅）与构件（梁、宇）；后两句表明该馆建在云朵出没的高处，且空间开放，栖息于屋架中的云朵可自由出入。为何不提墙的材料？因为没有墙。这是一个敞轩，一种灰空间。

如巴瓦一样，王维把自然请进建筑中来。轩是一种邀请的方式。院是另一种。檐下恐怕是最为常见的一种，处于室内室外之间。而廊，一个线性空间，由于它可以依附，也可以独立于建筑，便发展出多个变体，如回廊、廊桥。灰空间是各种邀请方式的总称。

密斯，伞

密斯·凡·德·罗于1938年设计但未建成的三院宅，我曾在脑子里反反复复走过（图9）。有时，我会想象它是完全开敞的，室内外之间没有玻璃墙的隔断；又有时，我会想象不同的功能安排，因为它像传统中国住宅，空间和使用之间并没有锁定的关系。三院宅用抽象的空间构图拥抱自然，既传统又现代，既东方又西方。三院宅保持了灰空间如院、檐下、轩的意境，同时创造出新的体验。三院宅的与众不同也在于把室外空间和室内空间设为等价：它们都是该宅周边围墙构成的这个院建筑的组成部分。三院宅具体功能的缺席，使它未必非是住宅不可，亦可作为一栋纯粹的建筑。密斯从未谈过类似灰空间的理念或东方建筑，评论家布雷泽（Werner Blaser）将他的住宅与四合院比较，替他代了言。不过，密斯对内外之间区域的兴趣是显而易见的，也许那是他前往未知之路，尽管他是一个高纬度建筑师。

檐围绕着建筑，形成有顶无墙的边缘空间，像一把伞。现实中，室内外之间的过渡带常常也连接了公共与私有区域或城市与建筑。中国南方的骑楼，使私有的建筑跨在公共的人行道之上；新加坡的五脚基、意大利博洛尼亚的柱廊、巴黎的拱廊都是处于城市与建筑之间，具备城市与建筑双重性质。无疑，户外生活更属于南方，灰空间则不分南北。在我们思维方式中已有的划分之上再增加更多的划分并非目的。我只希望能将气候的地理变化带入设计，创造建筑空间的微妙差异以及城市生活的丰富多样。

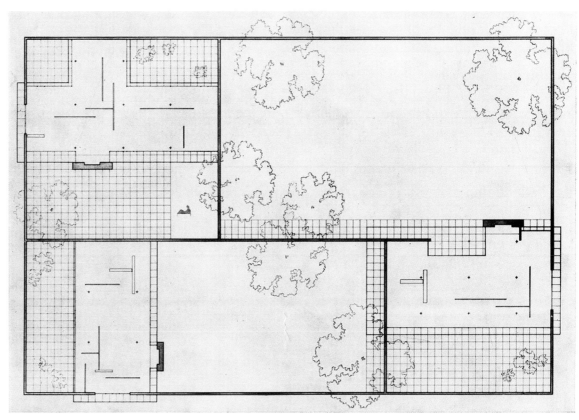

图 9 三院宅平面, 1938 年, 德国建筑师密斯·凡·德·罗作品

晨兴数学楼

Morningside Center for Mathematics

中国，北京，中国科学院

1998 年

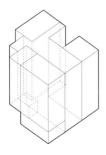

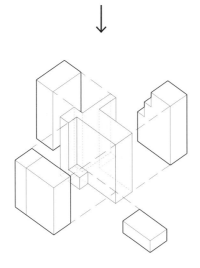

建筑中的建筑

项目要求在狭小的基地上盖一座单体建筑，从功能上满足数学家们除了用餐以外的全部生活需求（餐厅设在隔壁的建筑里）。这种工作与生活重叠的模式让这些科研人员失去了走进城市的机会。为了给它的居民带来哪怕一丁点儿的都市体验，我们在这栋七层的大楼里塞进了五座不同功能的小塔楼。楼层堆叠而成的"楼中楼"也有各自的建筑特征：像"科研楼"与"住宿楼"这样的私密空间单侧透明；"公共空间楼"双侧透明；"半公共空间楼"则双侧半透明；核心筒不透明。小塔楼通过走道、退台天井和横跨采光间隙的廊桥相连。采光间隙可以被看作挤进当代都市里的传统院落。希望这样的设计可以将出入"房间"的体验模糊为出入"房子"的体验。

窗单元设计

我们还对传统概念上的窗户进行了功能重组：固定的玻璃窗用来采光和观景，可开启的不透光铝板用于自然通风，铝百叶窗内放置空调机箱。

∨ 东北侧

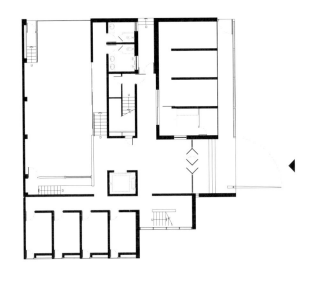

1 层平面

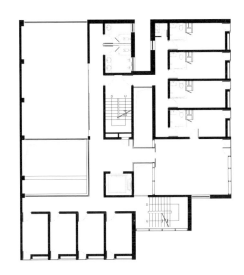

2 层平面

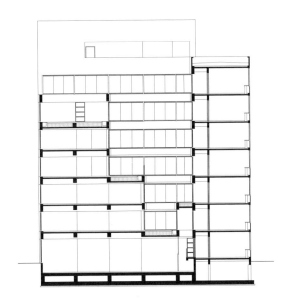

剖面 A-A'

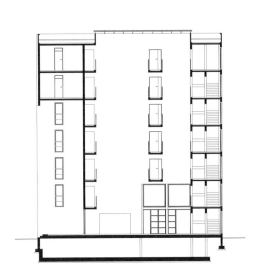

剖面 B-B'

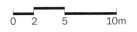

0 2 5 10m

个人研究室内景

>1 会议室
>2 楼梯间
>3 中庭
>4 小塔楼之间的屋顶平台

		1
2	3	4

∨ 立面/窗户细部

∨ 入口外部走廊

[城市体验]

桥馆
Museum Bridge

中国，四川，安仁
2010 年

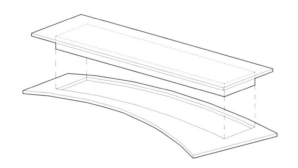

超越类型

桥馆是两种建筑类型的结合。该项目是四川安仁建川博物馆聚落规划建设的博物馆之一，同时也是聚落中的一处基础设施，即一座横跨在博物馆之间溪流上的步行桥。我们认为桥既是城市公共空间的一部分，也是街道的延续。博物馆不仅是桥的一个组成部分，也是两岸城市肌理之间的联系。因此，桥馆同时具有博物馆的稳重和拱桥的轻薄两种特性。

基于系谱学的形式创造

从形式上看，桥馆呼应了中国 20 世纪五六十年代的建筑风格。同时，三段式构图更具有苏联社会主义现实主义风格的古典基因。不过，我们对三段分别进行了重新定义：顶，变成悬臂出挑的大平台，近似中国传统木构建筑的挑檐；身，构成承载文物的封闭箱体，只被屋顶四道天窗穿透；台，被转化为桥墩的混凝土束柱群。我们希望桥馆获得一种时间上的两重性：它既属于当代，也属于过去。

结构和材料

桥馆整体为混凝土结构。建筑底层共设有 13 组不同斜度的束柱，使基础避开河道，撑起上面箱形的博物馆。立面材料为小竹模清水混凝土，粗糙的施工质量，反而产生了强烈的质感。

COMMENTS 评论

郭屹民
东南大学建筑学院副教授
东南大学结构建筑学研究中心主任

几何与技艺、浮游与支撑、精神与日常、抽象与具象的组合所打造的"陌生化"并非无中生有。在桥馆中，既有的概念与性格在叠加、置换、并置的操作中，被重新组合成新的意义。

（本文节选自《桥馆，四川，中国》，曾发表于 2017 年《世界建筑》第 10 期。）

> 桥馆东北侧

北京故宫太和殿：古典基因

中国国家博物馆：社会主义现实主义的古典基因

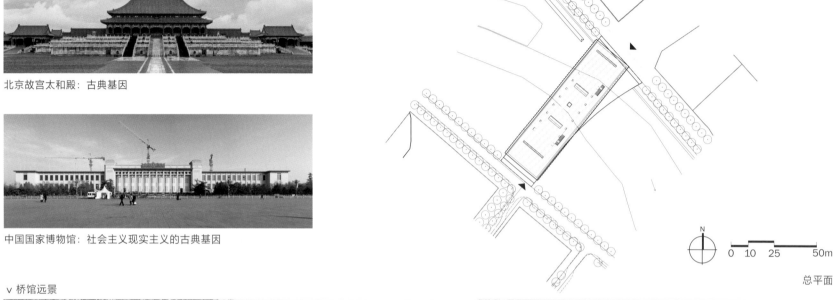

总平面

∨ 桥馆远景

30

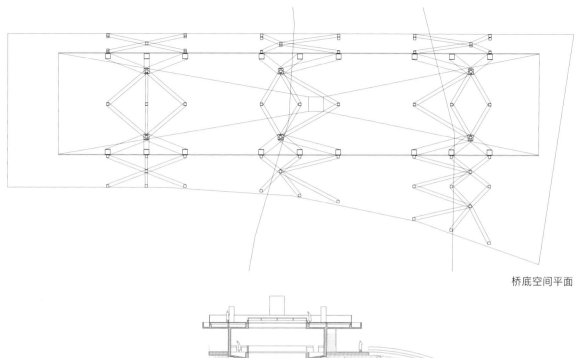

桥底空间平面

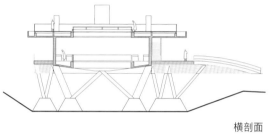

横剖面

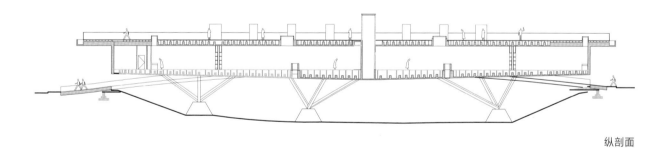

纵剖面

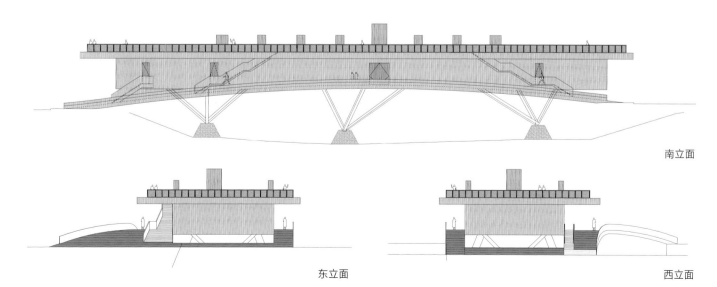

南立面

东立面

西立面

0 4 10 20m

铺设鹅卵石走道

修整竹模混凝土

∨ 镶嵌在栏杆、地面和台阶上的鹅卵石

∨ 通往屋顶平台的主楼梯

展厅空间

展览布置

v 自然采光的展厅

非常建筑出品的微影片《影捉影》

∨ 流经桥下的小河

[城市体验]
21cake上海黄浦店
21cake, Huangpu Shop

中国，上海
2016 年

场地限制

21cake 黄浦店位于上海市中心的一个商业综合体内，总面积仅有 33 平方米，空间窄小而不规则，有两个转角，中间还有一根柱子。

目标与挑战

21cake 是一家以设计创新著称的蛋糕店，业主不仅希望我们把不可用的空间变成可用的空间，还要将其打造成一家顶尖水准的蛋糕 / 咖啡体验店。

店面即橱窗

由于既有空间狭小，我们决定把整家店作为一个装备齐全的橱窗，内设两个操作台，一个面向街道，另一个开在购物中心内。尽管店面空间局促，无法为顾客提供座位，但我们在人造石墙面上设计了一个供人倚靠的流线型凸起靠背，在靠窗的位置配置一个相同材质的悬挑台面。店里半透明墙面上安装了用 LED 灯制作的招牌，路过的行人可以清楚地看到上面的信息。整个店看起来就像一个橱窗，或者说更像一个广告箱。店外的人行道上放置了一些桌椅，供顾客和行人休息。这家店的面积虽小，但我们希望它可以最大限度地融入城市。

∨ 店铺进深窄小，使得店面成为街道空间的一部分

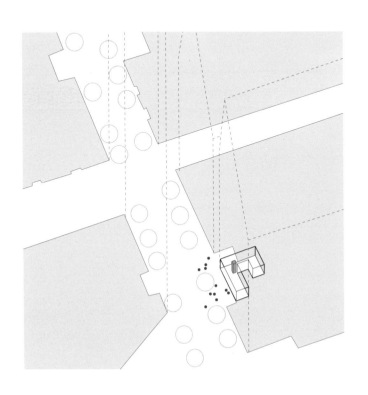

> 从外摆看店内

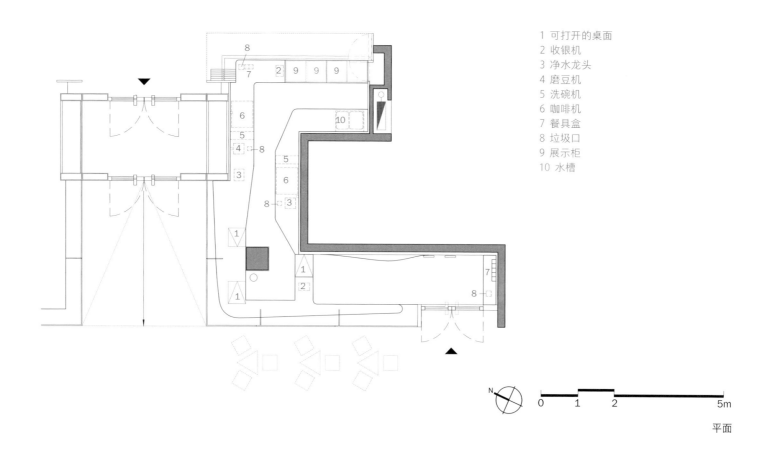

1 可打开的桌面
2 收银机
3 净水龙头
4 磨豆机
5 洗碗机
6 咖啡机
7 餐具盒
8 垃圾口
9 展示柜
10 水槽

N
0 1 2 5m

平面

∨ 从商场内部看店铺

闭店状态

营业状态

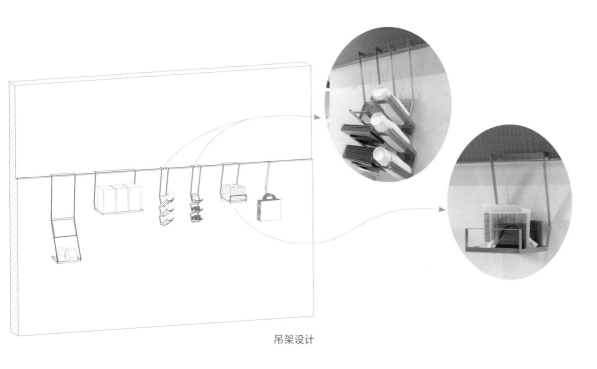

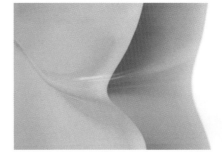

墙面上的曲线造型，可供顾客倚靠

吊架设计

∨ 顾客倚靠在凸起处

21cake上海宝山店

21cake, Baoshan Shop

中国，上海
2020 年

21cake 上海宝山店的室内设计受到了 20 世纪 50 到 70 年代在中国十分普遍的"大食堂"和"大饭桌"的启发。这个设计向人们展示了一家面包店也可以成为一个社区中心。我们希望可以发展出一个原型，将来推广到其他分店。

店的中心位置放了一张蚕豆形的大饭桌，它由十个小桌子组合而成，可以根据需要拆分组合。这样的设计概念可以满足社区居民在一天中对面包店空间的不同需求：早上，小桌可供人们独自享用早餐；下午和晚上，大桌可用于从几个人的烘焙课到一群人的生日会等不同规模的聚会。除了满足用餐需求，大桌还可以用来展示面包和蛋糕。

在大桌下方的地面上，我们在水磨石上嵌入了铜条，勾勒出上面大桌子的平面

∨ 店铺内部全景，以及组合在一起的大饭桌

图，作为使用和拼合这个桌子的"用户指南"。大饭桌上方的灯具十分灵活，可以随着桌子位置的变化来调整。

小推车是设计中的另一个创新元素。通过借鉴传统广东早茶的服务方式，小推车可由服务员推到餐桌边为顾客提供服务，也可以在入口处和店内其他位置展示及供顾客试吃新品。小推车以曲木制成，有三种形态，分别用于陈放面包、蛋糕和冰激凌。

在空间的整体设计中，我们使用水磨石、木饰面和粗颗粒质感涂料作为主要材料，所有的色调都采用暖色系，为社区顾客营造出一种放松的、家一般的氛围感。

大饭桌在地面上的平面图细部

∨ 散开的大饭桌及可随桌子位置变化调整的灯具

< 店中心的蚕豆形大饭桌

店员可推着小推车服务顾客

∨ 大饭桌的细部

∨ 一排小推车

吉首美术馆
Jishou Art Museum

中国，湖南，吉首
2019 年

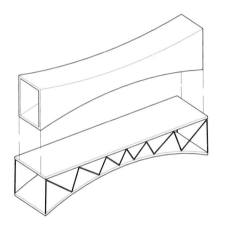

COMMENTS 评论

江嘉玮
同济大学建筑与城市规划学院助理教授

吉首美术馆与万溶江两岸民居比邻而立，其尺度与色泽融入市井。湘西、黔东、桂北自古多苗、土家、侗、瑶等民族聚居，民风彪悍，刚猛善战，亦常寄寓意于周遭山水。村寨常设有风雨桥，成为旧日熟人社会的活动集散地。时至今日，神话色彩虽已消淡，文化意象仍保存作为集体记忆之功用，撩拨乡民心弦，互诉乡情济济。美术馆作为现代运作的机构，在进入老城肌理后，一方面促进旧时村寨精神状态的现代转型，另一方面以陌生化的实体营建唤起文化意象。换言之，一方面改良认知，另一方面重塑图腾。

（本文节选自《吉首美术馆，湖南，中国》，曾发表于 2017 年《世界建筑》第 10 期。）

社会工程

美术馆所在的吉首市是湘西土家族苗族自治州的州府。起初，地方政府考虑在城外的开发区内选择建设用地，然而我们作为建筑师则建议将美术馆设立在人口密集的乾州古城的中心区，我们认为文化设施应该尽可能地方便居民使用。穿城而过的万溶江流经吉首的核心地带，因此我们构想了一座横跨江面兼作步行桥的美术馆。我们希望人们不仅会专程去欣赏艺术，也可以在上班、上学或者购物的途中与艺术邂逅。

插入肌理

如今，许多诸如博物馆和剧院的当代文化设施都被当作独立的纪念物而远离社区。我们认为美术馆不应该从区位上脱离受众，因此将其嵌入古城现有的城市肌理中，让两岸的桥头部分与万溶江畔的排屋紧密交织。这些排屋包含商铺、餐馆或小旅馆，通常楼上便是屋主的居所。因此，吉首美术馆位于江两岸的入口都可以被视作混合功能街道界面的一部分，从而融入当地人的日常生活。

转译传统

被称作风雨桥的廊桥在中国山区有着悠久的历史。除了有跨越河流或山谷的功能，它们也是供旅人休憩、商贩摆摊的公共空间。作为对这一古老建筑类型的当代诠释，我们的设计在保持传统廊桥的交通与休闲功能的同时，引入新的艺术内容，并将风雨桥的形式语言进行现代化转译。

桥梁建筑

美术馆以桥上桥的形式构成：下层的钢桥是开放的桁架结构，为行人提供了一个带顶的街道，同时也有助于疏导洪流；上层的现浇混凝土拱桥内部设有画廊。两桥之间是一个由玻璃幕墙和筒瓦遮阳系统围合而成的大展厅，用于举办临时展览。美术馆的服务空间，如门厅、行政办公空间、商店和茶室则被安置在两端的桥头建筑内。人们可以从任意一侧江岸进入美术馆。

吉首美术馆是艺术家黄永玉先生倡议并捐赠的成果。

> 鸟瞰

嵌入城市肌理的吉首美术馆

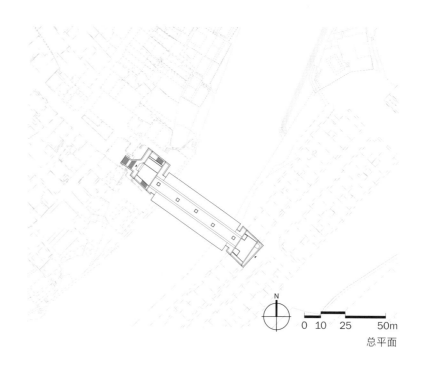

ⅴ 横跨万溶江的吉首美术馆

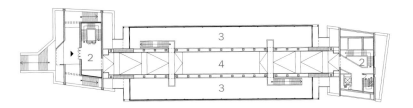

3 层平面

西立面

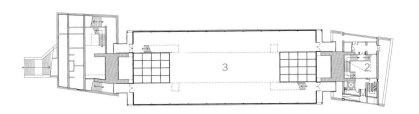

2 层平面

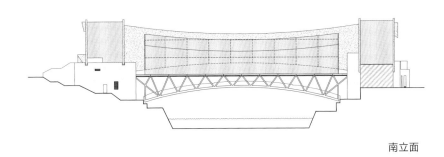

南立面

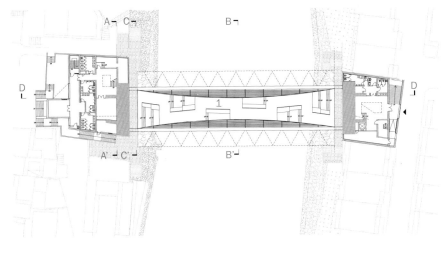

1 层平面

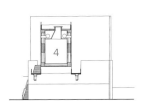

剖面 A-A'   剖面 B-B'   剖面 C-C'

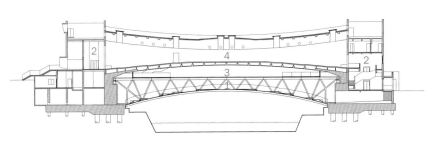

剖面 D-D'

1 步行桥层
2 门厅
3 大展厅
4 画廊

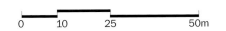

0   10   25   50m

传统的风雨桥

双层桥设计概念示意：钢桥上方架设混凝土桥

∨ 步行桥层

传统风雨桥上的百姓生活   吉首美术馆步行桥上的百姓生活

∨ 透过步行桥天窗仰望大展厅

< 1 三楼混凝土拱桥内部画廊
< 2 大展厅内混凝土拱桥下方

过渡空间左墙上的混凝土预应力锚索紧固件

∨ 东侧大厅楼梯间

∨ 东侧入口大厅

∨ 从西侧入口向外望

∨ 从附近街道看美术馆

< 东侧入口
> 西侧入口

西立面局部

∨ 美术馆外侧的步行通道

筒瓦遮阳系统细部

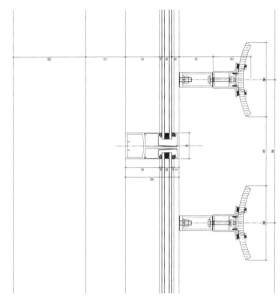

筒瓦遮阳系统构造详图

∨ 桥身立面筒瓦遮阳系统

∨ 从三楼挑台看大展厅

[城市体验]

之字大厦
Zigzag Tower

中国，河南，郑州
2019 年

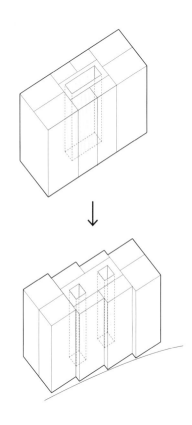

类型学分析

无明确使用方办公楼的设计通常被安全、日照等因素主导的常规所左右。在分析了很多办公楼案例之后，我们决定在这个位于郑东新区的高层建筑中采用典型的直线形平面加核心筒结构，同时积极寻找改进的机会。

基地形状

场地的条件恰好提供了改进上述原型的机会：环绕人工湖的一组建筑形成了一个巨大的圆环，作为这个圆环一部分的场地基本为矩形，且有少许的弧度。我们认为尽管这个弧度很含蓄，但也应该体现出来，于是我们把典型平面的矩形平面变成了"之"字形，从而为原本呈方形的建筑体量增加了一种垂直性。

平面和空间

"之"字形的折线形成锯齿形平面，提供了更多的阳角空间和更好的视野，使开放空间的感受更像一组小尺度空间的组合。在剖面上，两个核心筒之间设置了一个中庭，两组廊桥穿越其中，这样人们在建筑内部也可以感到建筑的垂直性以及空间的戏剧性。

结构和经济

我们采用了核心筒 + 外围密柱的无梁钢筋混凝土结构，空间完全开放、灵活，可以根据需要分隔成不同大小的办公室。无梁结构使我们得以在降低层高的同时增加空间净高，在建筑总高度不变的情况下多做出一层使用空间。

立面

外围的密柱因承重与自然通风的功能相间布置；密柱被设在围护界面之外，进一步加强了建筑的垂直感。我们将柱子在高楼层扭转一定的角度，到低楼层则每两根合为一根，保证低楼层的室内外空间有充分互动。

> 从外环街道遥看之字大厦

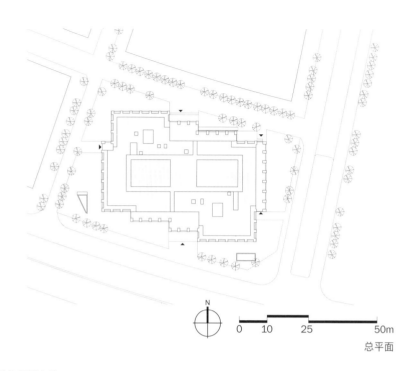

屋顶鸟瞰

总平面

∨ 总体规划鸟瞰

标准层平面

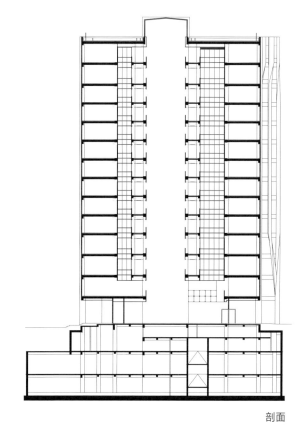

剖面

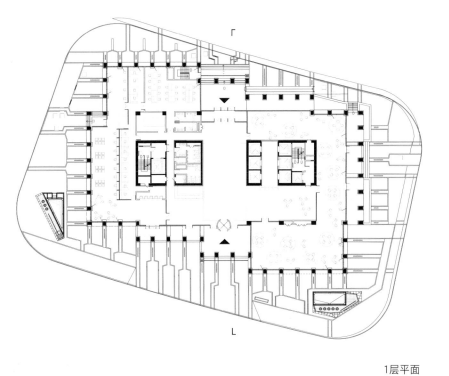

1层平面

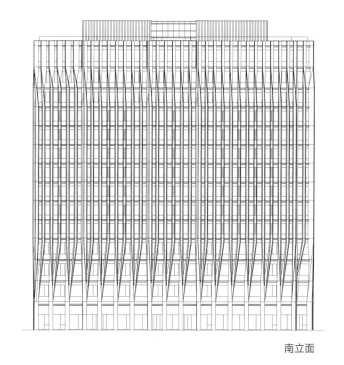

南立面

0 4 10 20m

结构系统

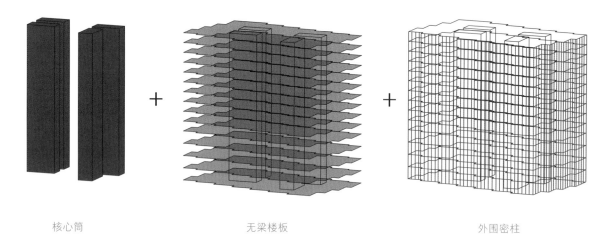

核心筒   无梁楼板   外围密柱

∨ 高层部分立面局部

剖面概念示意

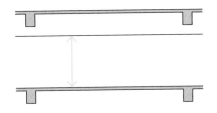

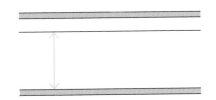

梁的存在使设备管道压低了层高，占用了
使用空间

无梁楼盖减少了设备空间对层高的占用，
高效整合空间资源

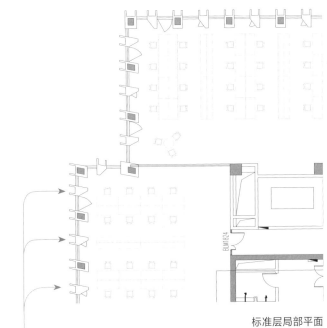

标准层局部平面

∨ 低层部分立面局部

∨ 内部自然通风井

1   < 1 室内中庭
2   < 2 横跨中庭的桥

> 日光显现铝扣板的折面

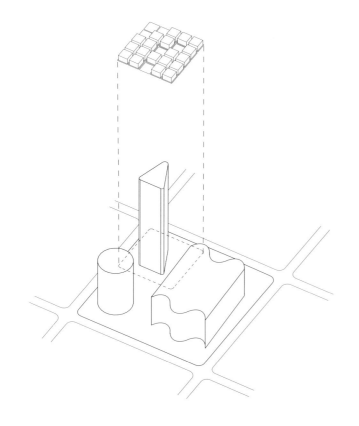

嘉定微型街区
Jiading Mini-Block

中国，上海
2020 年

挑战

中国新城市中的街区尺度往往大于"500 米 x 500 米"。相较于欧洲城市的典型街区，如此大的尺度常常导致城市的汽车依赖性与过快的发展和蔓延。巨型街区的问题主要体现在两方面：第一，它是反都市生活的，在破坏生活步行性的同时，削弱了城市空间的质量；第二，它往往伴随着高碳排量——汽车依赖性导致空气污染和交通拥堵。同时，一旦城市建立在非人性化的尺度上，就很难再被改造成一个宜居的环境。因此，在中国如今的城市化进程中，探究街区的尺度变成一个至关重要的议题，为街区"瘦身"也成为让城市更人性化、更洁净的一个探索方向。

项目

尽管非常建筑在过往的实践中对整个城镇进行规划的项目不多，但我们在 2008 年获得了设计一个科创园区的机会。该园区位于上海的卫星城嘉定区，是一个高新产业的实验基地。24.67 公顷的用地规模与高科技企业的用户目标促使我们尝试一场小尺度街区的设计探索。但问题是：小尺度街区该有多小？我们注意到，作为城市肌理的一部分，街区的范围通常由其周边的道路所界定，其尺度往往取决于密度与功能。坐落在郊区的科创园区往往是以私家车通勤为主要的交通方式，这意味着其使用者主要是开车前往，在办公室工作一整天再驱车回家，园区内的日常生活和社交活动可能少之又少。虽然，在园区内打造完整的都市生活的目标或许不切实际，但我们至少可以尝试让大家在午餐时间从室内走出来。

结构

非常建筑对地块进行了整体规划，并在建筑设计阶段开始之前制定了用来进一步规范建筑物位置和形态的"建筑设计导则"。在整体规划中，我们提出了"低层 + 高密度"的设计策略，用来处理使用功能与密度的关系。所谓低层，就是主要功能空间不超过 4 层，而高密度意味着整体和街区容积率分别不低于 1.2 和 2.0。同时，我们也倡导"混合功能"，这表示一座高科技企业办公楼的底层可能是公共设施或者商业用房，而顶层也许又夹杂着居住元素，比如，出租房或者旅店。

街道

在这个以办公为主体功能的园区中，街道是其首要的城市空间。它被定义为 10 米宽的中段（可以行车）加上位于两侧建筑首层各 3 米宽的带顶廊道。本项目位处江南地区，一个出挑的柱廊有助于行人躲避漫长的梅雨季和夏天的烈日。

街区

当我们综合考虑了每个企业可以占据的最大建筑面积（4000 平方米）、零售商铺和食肆更青睐的街角的位置、街区之间的连接性和步行可达性，以及建筑和街道的综合界面等后，我们将街区的尺度控制在 41.2 米 × 41.2 米（街道网格的中线尺寸约为 50 米 x 50 米），这样一个微型街区与起码 10 倍以上的巨型街区的尺度就形成了明显的对比。

微型街区是一个由单座建筑定义的街区。41.2 米的尺度可以分解为 5 个 8 米柱跨，再加上两端各 0.6 米用于建筑外立面设计。同时，41.2 米 × 41.2 米的街区产出的容积率和建筑面积支持单个大企业独占街区，或者多个小企业分享街区。虽然园中大多数街区的尺度相若，但每个街区的平面和立面设计又各不相同，以此创造灵活多变的建筑空间，满足企业的个性化需要，并丰富城市生活体验。

在最初 4 个微型街区的建筑设计阶段，我们被要求将一系列公共空间如会议中心和宾馆置入其中，但此举将会促成一座 8 层高的建筑。为了坚守我们的整体规划，我们设计了一个 4 层高的环形客房体块，悬空架在 4 个 4 层高的微型街区之上。也就是说，如果有需求，微型街区可以变得更高。

非常建筑共设计了约 70 000 平方米共 22 个微型街区的建筑。园区其他建筑的设计工作由当地设计院依据我们的整体规划和建筑设计导则完成。

结论

虽然人类的生理尺度相对固定，但我们对尺度的认知常常随着科技的进步而悄然变化。在我们可以走得更快、行得更远的今天，我们也时常幻想一个与自身不再匹配的尺度，而淡忘人们的生理局限。因而，我们需要重新思考从自身到建筑再到城市的尺度关系，因为它们承载了人们的生活。嘉定微型街区是一场试图重新关联人与城市空间尺度的实验。市场也表现出了积极的反应。现在，我们期待观察人们是否会在午餐时间重新出现在街道上，也抱着谨慎乐观的态度希望在不久的未来，更多的城市建设者能展开对城市空间尺度的探索。

∨ 22个微型街区组成的城市肌理

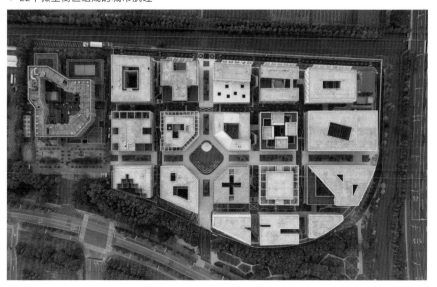

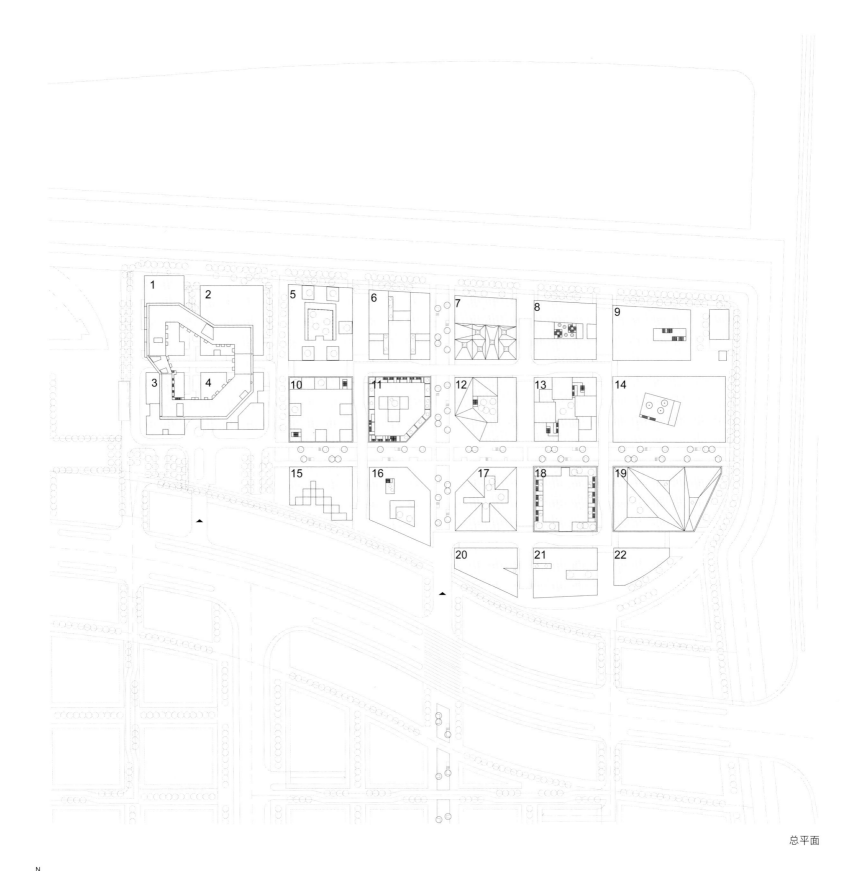

总平面

1 层平面

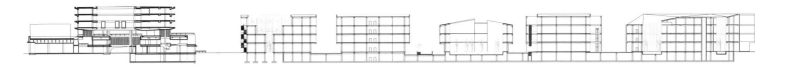

剖面

立面

0　　　10　　　25　　　　　50m

步行道的十字路口之一

∨ 沿着步行道的骑楼

∨ 15号街区楼

∨ 8号街区楼

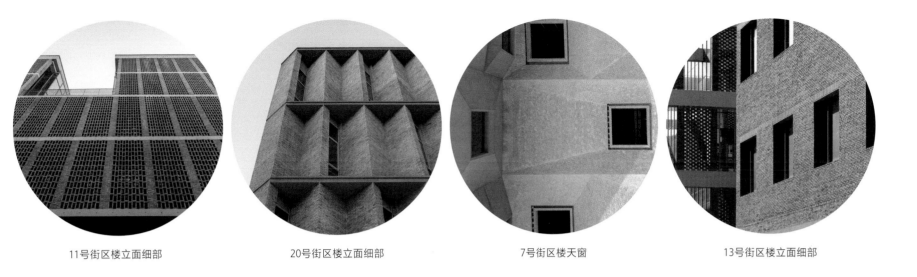

11号街区楼立面细部　　　20号街区楼立面细部　　　7号街区楼天窗　　　13号街区楼立面细部

∨ 12号街区楼

∨ 9号街区楼

1	2
3	4

< 1 13 号街区楼内庭院
< 2 5 号街区楼内庭院
< 3 11 号街区楼内庭院
< 4 5 号街区楼走廊

∨ 7号街区楼内部

青浦桥
Qingpu Bridge

中国，上海
方案设计

场地

青浦是上海发展最快的郊区之一，地处长江三角洲，拥有密集的河道网络。我们受邀在其中一条河道上设计一座桥，来连接两岸的道路系统。

功能和重组

我们最初接到的设计任务是设计一座具有常规功能组织的桥梁，在桥面上，双向机动车道在中间，自行车道和人行道在两侧。随着人们生活方式的急剧改变，我们提出了两个问题：

1. 如果桥不只服务于车辆，也给行人以空间，那么它是否还只能被定义为一个交通基础设施？

2. 行人、自行车和机动车是否应共用一个空间？

在这些问题的引导下，我们设计了一个 Y 形桥墩，在桥墩顶端各设一条单向机动车道，并在交叉处为步行和骑行设计了一座起伏的景观桥。一座传统的桥梁由此被拆分成了"三座"，上面的两座桥作为封闭的高速公路，而下层桥则变为公园。

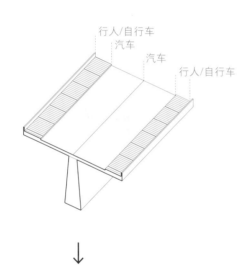

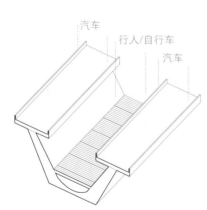

∨ 鸟瞰效果

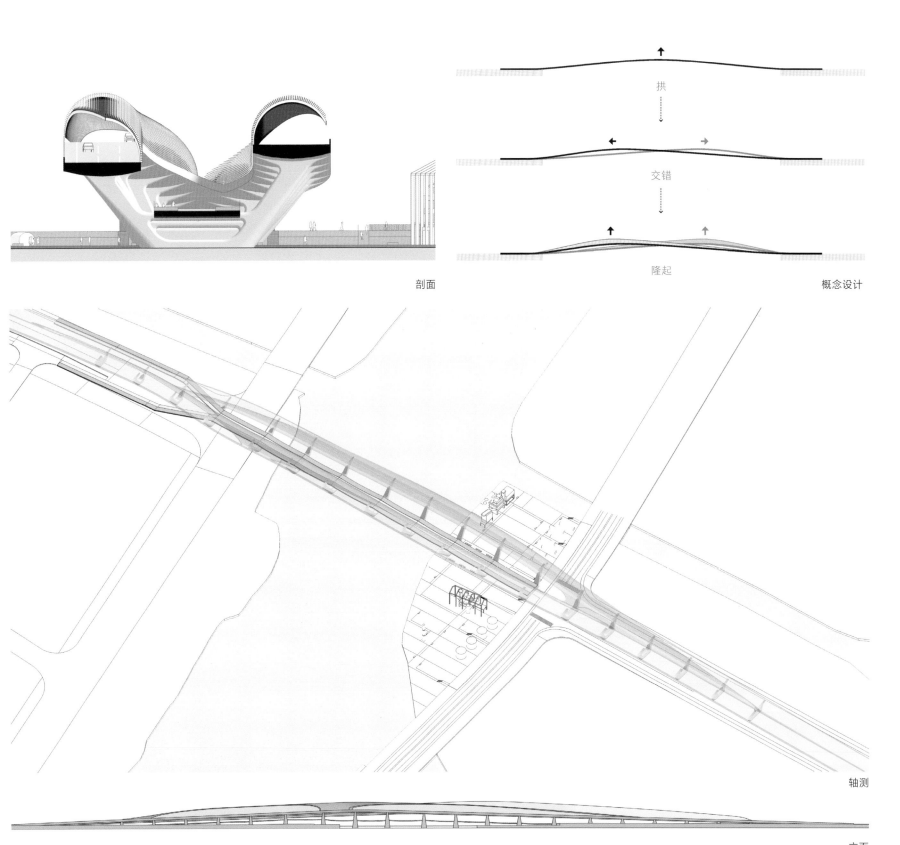

剖面

概念设计

拱

交错

隆起

轴测

立面

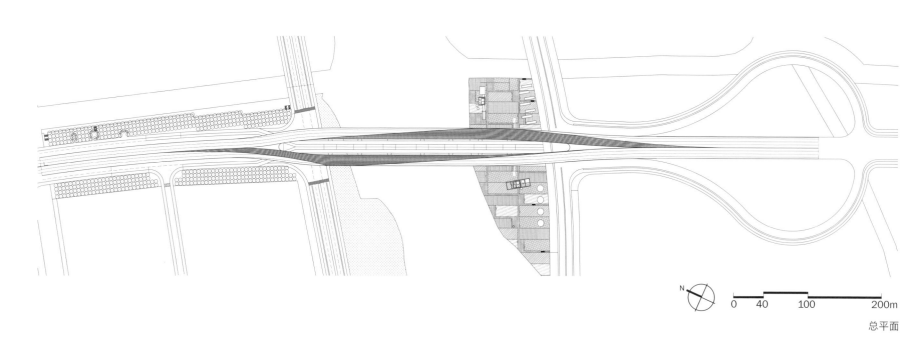

 总平面

∨ 步行桥透视

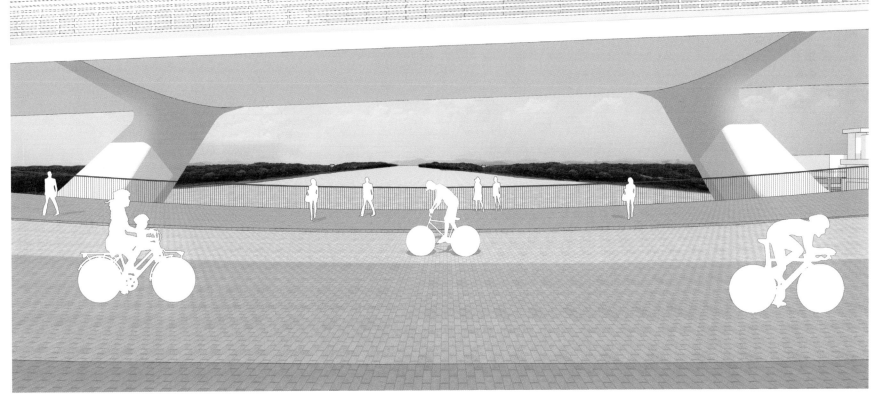

[日常体验]
厚薄折
Thick Thin Fold
2009 年

二合一的材料

屏风作为一种灵活空间的隔断，在包括中国在内的东亚地区已经存在了几个世纪。传统的屏风通常是用宣纸覆盖在木框架上，木框架提供稳固的结构，宣纸作为透光界面。厚薄折是一个仅用一种材料——富美家的人造石制作而成的折叠屏风。通过数控机床的雕刻，人造石同时获得了结构性和透光性。厚薄折屏风的厚度从一端的4毫米逐渐增加至另一端的40毫米，营造出光线退晕的效果。

∨ 只有从一定角度才能看到材料的光泽
∨ 直视时，材料是半透明的

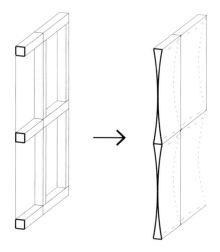

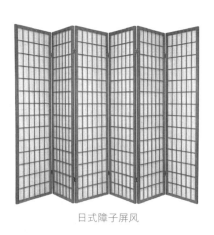

日式障子屏风

> 展览中的厚薄折

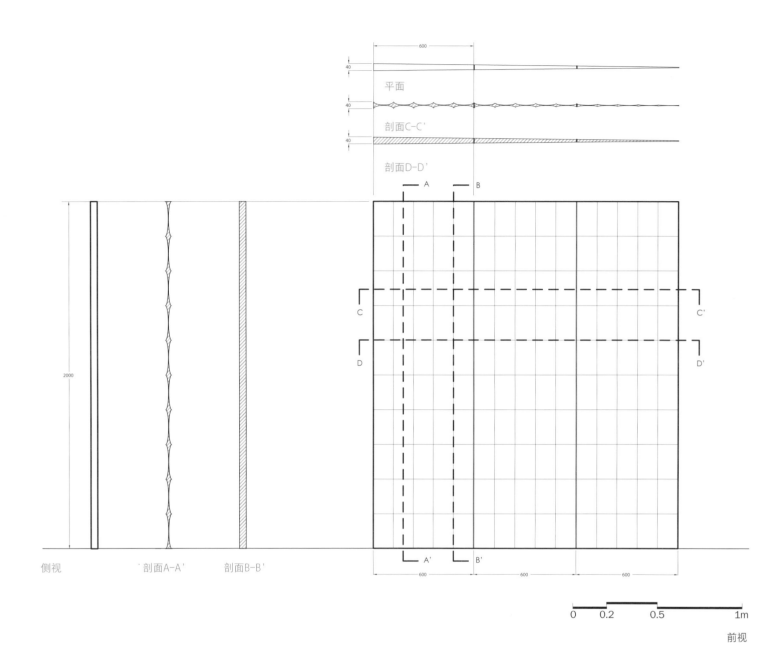

600
40
平面
40
剖面C-C'
40
剖面D-D'

A B
C   C'
D   D'

2000

A' B'

600   600   600

侧视   剖面A-A'   剖面B-B'

0   0.2   0.5   1m

前视

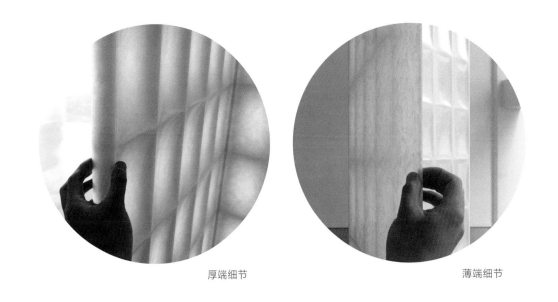

厚端细节　　　　　　　　　　　薄端细节

∨ 屏风厚度的过渡

葫芦

Hulu

2011 年

灵感来源——瓢

建筑设计的基础是对日常生活的理解。因此，我们在设计餐具时，也是从观察日常器皿开始的。传统的瓢是将葫芦一劈两半而得，是一种经过加工的自然形态。我们在设计中借鉴了制作瓢的思维方式。

切分虚拟葫芦

通过计算机模拟葫芦切片，我们制作出一系列大大小小、形状各异的碗碟。我们还设计了一个不锈钢存放架，可以将这些碗、碟、盘重新组合在一起，恢复葫芦原有的形态。因此，不管在餐具的使用还是展示的过程中，都可以看到切割葫芦的概念。

从果实到瓷器

我们选用精细的骨瓷作为材料，是想完成从手工到工业，从农村到城市，从传统到当代，从粗犷到细致的一系列转化。细腻的骨瓷使设计不只停留在概念上，还构成物质的现实，需要通过观看、触摸和使用去认识它。

不断壮大的"葫芦家族"

以葫芦和瓢为灵感设计的餐具不仅有碗碟，这个系列还发展出玻璃器皿，包括醒酒器、玻璃杯、油醋壶、椒盐瓶和不锈钢迷你葫芦调料碟。

∨ 张永和手绘设计草图

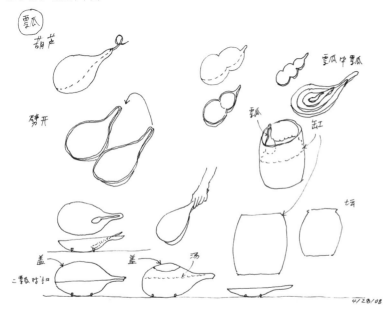

∨ 打开的葫芦餐具

椒盐瓶

黄酒壶杯套和醒酒器

油醋壶

调料碟

∨ 架子上的葫芦餐具

葫芦植物

葫芦果实

将葫芦切开，内部清理干净，
一个葫芦就变成了两个瓢

使用中的瓢

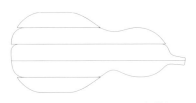

组装视图

大餐碟（A）

大餐盘（A）

鱼盘

大餐盘（B）

大餐碟（B）

打开视图

∨ 使用中的葫芦餐具

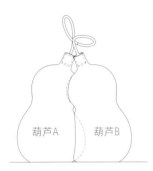

葫芦A 葫芦B

葫芦B

葫芦A

葫芦A 葫芦B

漏斗

醒酒器

底座

醒酒器

[日常体验]
一片荷
Lotus Leaf
2011 年

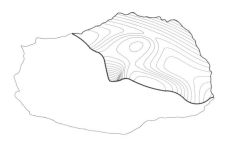

借片荷

在中国，荷的根状茎和种子，即莲藕和莲子均可食用，荷叶也常用来包裹食物。在文化上，荷也是深受喜爱的绘画及装饰主题。作为设计原型的荷叶摘自圆明园的荷塘。圆明园的荷塘始建于清代康熙年间，我们的工作室曾经就在荷塘边。

无为设计

我们先全面扫描了这片摘回来的荷叶。干枯的荷叶比新鲜荷叶的形态更加起伏、优美，脉络更加凸显、清晰，我们用计算机技术将这种由时间塑造的特质完好地保留了下来，仅对荷叶的形状做细微的调整，使其可以平稳地放置在平面上，通过最少的人为改动将这片植物化为一个托盘。虽然这件大自然的产物已用不锈钢来重新诠释，但是本质上仍然是那一片荷。因此，我们设计了一个几乎没有设计的托盘。

∨ 一片荷托盘的正面和背面

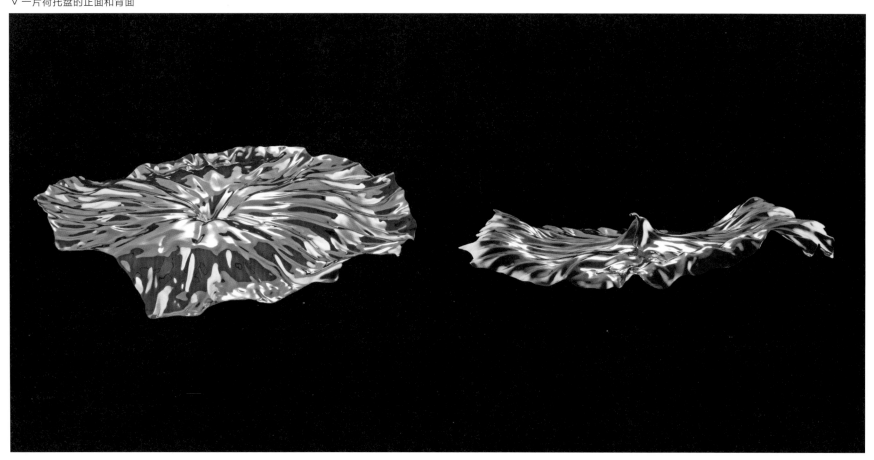

池塘中的荷叶　　　　　原始的荷叶　　　　　干枯的荷叶　　　经计算机扫描并调整后的枯叶形态　　　制作托盘模具

∨　不同饰面处理的托盘

[日常体验]

单位钢椅
Steel Unit Chair
2013 年

木材到钢材的转化

单位钢椅是对 20 世纪 50 至 70 年代中国最常用、最普通的一种椅子的重新设计。单位是指工作单位，因为这种椅子在办公室里比比皆是，其实它也是生活中一件多用途的家具。在过去，这种椅子是木制的，因为木材是当时制作家具的唯一材料；而我们设计的椅子全部是用 2 毫米厚的角钢焊接而成的。由于角钢的截面形状，椅子有一个凸面呈现出传统木椅的形态，一个凹面则显露了角钢的特性。凹凸两面用不同的颜色进一步强化了椅子的双重性。我们希望通过像单位钢椅这样的设计使中国近现代设计的基因得以延续。

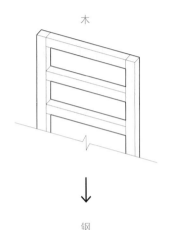

木

钢

26 mm

50 mm

小银椅挂饰

∨ 经典单位椅(左)，单位钢椅模型（中），单位钢椅（右）

∨ 钢椅细部

∨ 凹侧喷涂了不同颜色的单位钢椅

2D-3D旗袍

2D-3D Qipao

2014 年

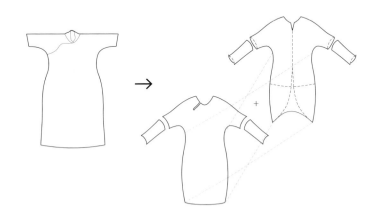

服装空间中的东逢西

旗袍是一款从中国满族男性的传统长袍演变而来的女装,于民国初年开始流行。如今,旗袍已经成为中国女性形象的象征,但人们只在特殊场合穿着,不再像以前那样作为日常服装。

我们希望把旗袍和都市生活方式重新结合起来,设计出年轻人可以穿去工作或者聚会的衣服。在设计中,我们一方面沿用了旗袍传统的平面剪裁形式,另一方面融入了西方服饰中的立体剪裁方法,尤其是褶皱的做法,最终设计了一系列当代旗袍。这些旗袍材料形式各异,但实质上都是二度和三度空间的结合。

∨ 张永和手绘设计草图

∨ 传统旗袍

> 前片采用了平面剪裁,后片采用了立体剪裁

现代细节搭配平面剪裁

纽扣

纽扣细节

纽扣

> 前片采用了平面剪裁,
  后片采用了立体剪裁

[日常体验]

枨桌
Cheng Table

2015 年

小部件、大部件

中国传统家具设计中有一个独特的结构构件——枨，这是一种很小的弯曲的支撑，是用于加固桌 / 椅的腿与面之间的垂直连接。在保留枨结构的基础上，我们在思考，"枨"是否可以不只是一个加固零件，而是发展为一个支撑整个桌面的结构体系？这个问题最终成为我们设计枨桌的起点。设计分为四枨桌和八枨桌，在八枨桌的设计中，每根桌腿各有两个枨，枨从支撑构件变成榫卯结构的梁，用以承载整个桌面的重量。这张桌子的枨比传统枨要大得多，在形式上也更具表现力。最终，枨桌的设计是将原型的构造逻辑推向极致，从而将传统和现代结合起来。

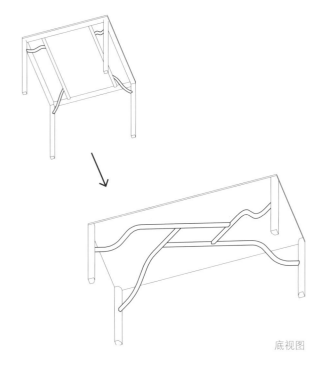

底视图

∨ 枨桌桌面下方

传统枨桌

枨系统的组装

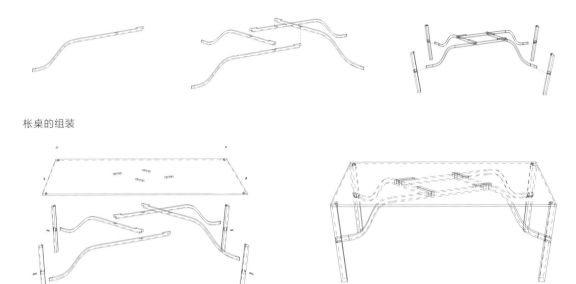

枨桌的组装

∨ 枨桌侧视

我爱瑜伽
Bend It Like Yoga
2016 年

曲木设计

曲美家居是国内弯曲胶合木（曲木）家具的开拓者，"我爱瑜伽"是非常建筑和曲美家居合作设计的家具系列。弯曲胶合木是定义现代家具设计的最重要工艺之一，我们深受这一传统的吸引和启发，希望将其延续和发展下去。

设定规则

我们不熟悉家具节点的设计常规，为了尽可能回避这一弱点，我们采用单片胶合木板弯曲成型，没有任何节点。另外，我们希望座椅可以具有一定的弹性，而曲木工艺恰好具备这种特性。我们尝试了各式各样的弯曲形式，从而将这个工艺推向极致。

开放的系列

产品最终体现出的力量、平衡和柔韧性让人联想到瑜伽练习者的姿态。"我爱瑜伽"的命名，是以工艺而不是风格来定义的。其中，某些家具承袭了中国传统家具的特征，如条几；而另一些又近似经典的西方家具，如沙发和躺椅。尽管"我爱瑜伽"是包含了从椅子到桌子、从屏风到摆件的一个产品系列，但它们更像一组单品的合集，每件单品都可以和各种不同风格的家具混搭。我们认为，单一风格的全套家具其实也不能适应和反映真实家居生活的丰富和变化。

合作过程

非常建筑和曲美家居在设计过程中有着大量的交流、合作。他们为我们提供的支持不仅仅是硬件上的，更多的是软件：从曲美董事长到具体操作热压机的工人师傅都和我们分享了大量他们长期积累的关于家具的知识和经验。我们非常庆幸有如此的合作伙伴。

∨ 曲美车间里"我爱瑜伽"系列家具的打样

> 沙发

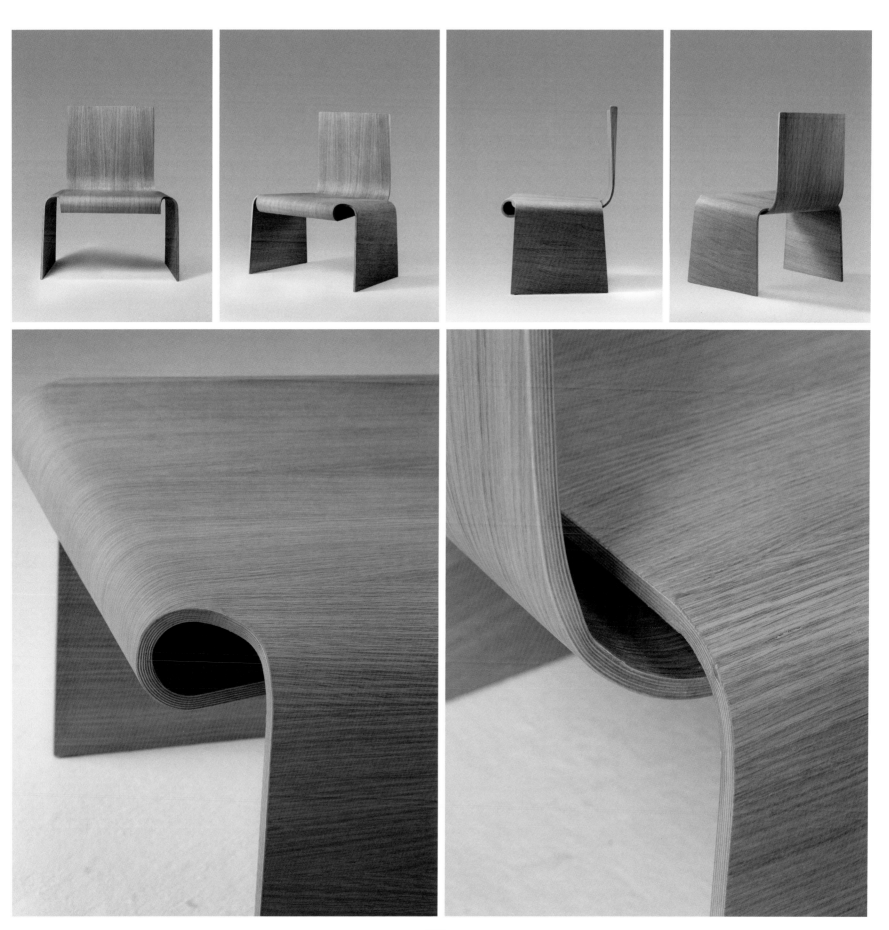

	2	3
	4	5
1	6	7

>1 波屏风
>2 卷臂椅
>3 卷背椅
>4 叉凳
>5 叉长凳
>6 挑桌
>7 卷几

重组拿破仑

Mille-feuille Reconstructed

2016 年

解决问题的思想方法

传统的拿破仑蛋糕有两个固有的缺陷：第一，酥皮部分很容易被夹在其间的奶油中的水分泡软；第二，拿破仑一切就碎，不能用来分享。我们尝试用建筑学的方法去解决这两个问题：把酥皮饼和奶油分开；将酥皮饼摆成一圈，中间用巧克力制成一个防水的方池，再将奶油放入巧克力池子里。一群好友便可分享这个重组的拿破仑蛋糕，各自抽取一片外围的酥皮饼，蘸着中间的奶油享用。观其结果，我们并非重新设计了拿破仑蛋糕的口味，只是创造了另外一种食用方式。

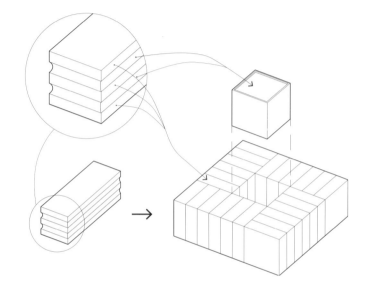

∨ 传统的拿破仑蛋糕

∨ 重组的拿破仑蛋糕

∨ 用奶油填充的巧克力池，周围一圈是酥皮饼

京兆尹餐厅
King's Joy Restaurant
中国，北京
2012 年

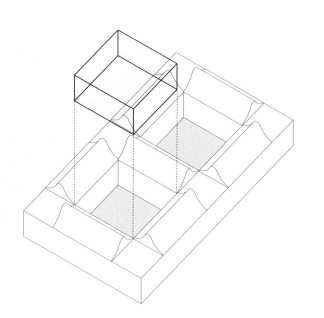

四合院的转型

在北京雍和宫对面的五道营胡同口，一组新四合院被改造成了一家素食餐厅。

空间重组

在不改变四合院基本格局的基础上，我们对原有空间进行了重组。餐厅的入口从南边的倒座房改到西侧的夹道里，使人们在到达中心院落之前先经过一个曲径式的过渡的空间系列。原有的两个庭院，其中一个以玻璃顶棚封闭起来，顶棚下悬挂的八面屏营造出既开敞又亲密的尺度。通过这样的设计，室内庭院和室外庭院形成了鲜明的对比。建筑的其他空间都围绕院子展开。

材料重释

我们采用了"传统材料，当代做法"的策略，从传统四合院建筑中提取了木、砖、瓦等材料，用非常规的建造方法来使用它们。比如，将木用作砖来砌筑；砖叠涩本是墙的砌法，但被移植过来做吧台；屋顶上用的瓦则用来搭屏风和酒瓶架；等等。我们希望传统与现代可以在这个设计中共生。

COMMENTS 评论

王维仁
香港大学建筑系教授

这些反转逻辑的材料建构，无论砖瓦做成的小木作，还是木料做成的砖瓦砌叠，都成功地唤起了人体对材质和尺度的知觉。从深色的木砖旋转砌隔墙，到丰子恺式的黑白笔墨，再到天花的反折木板或卷棚顶，透过与白色混凝土梁柱的交错，设计巧妙地遮掩了原来建筑的高大与尴尬的结构。

（本文节选自《京兆尹素食餐厅室内设计，北京，中国》，曾发表于 2017 年《世界建筑》第 10 期。）

∨ 京兆尹及其周边环境航拍

> 俯视开放庭院，背景为雍和宫

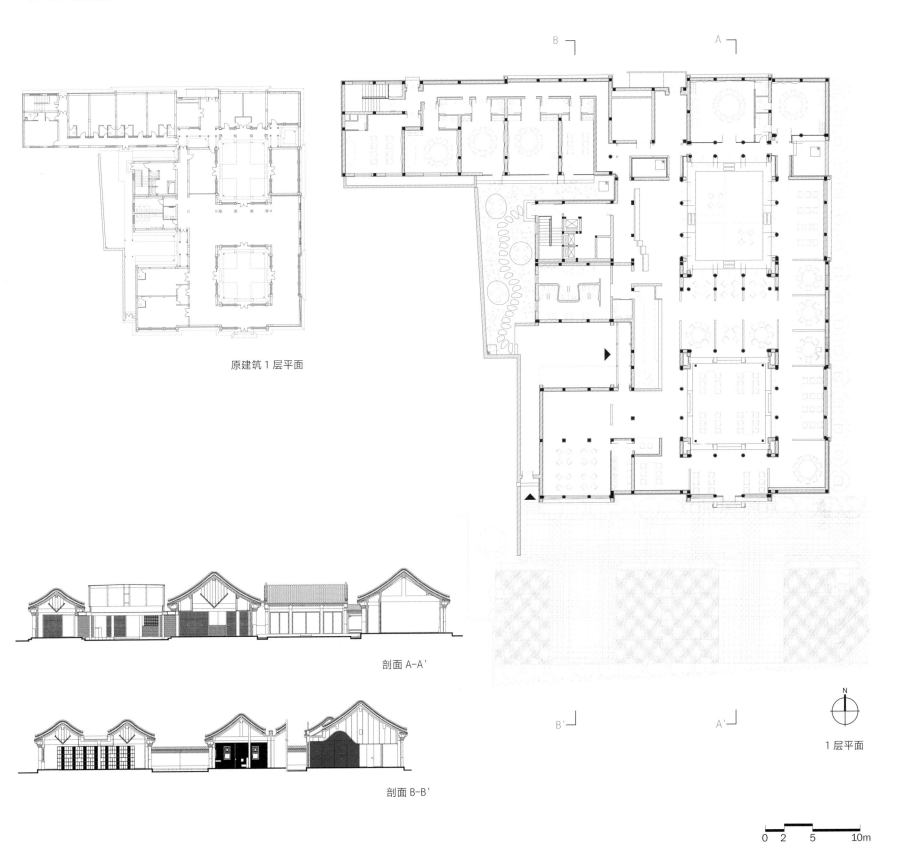

< 入口院子
>>（116页）带顶庭院上方的悬挂屏风
>>（117页）带顶庭院

原建筑 1 层平面

剖面 A-A'

剖面 B-B'

N

1 层平面

0 2   5   10m

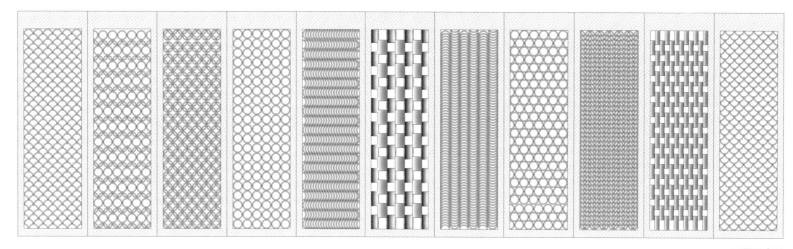

瓦屏风立面

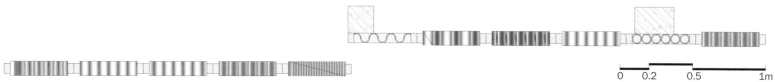

0 0.2   0.5   1m

瓦屏风平面

∨ 瓦屏风

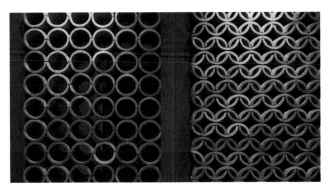

瓦屏风细部

张永和手绘壁画

包房

∨ 包房内卷棚天花

木砖隔断立面

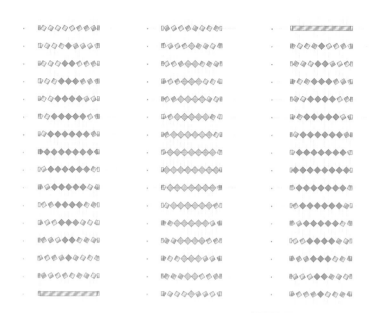

0　0.2　　0.5　　　　1m

木砖隔断施工详图

v 半私密包房

[室内外体验]
校园回廊
Campus Green Redux

中国，北京
2015 年

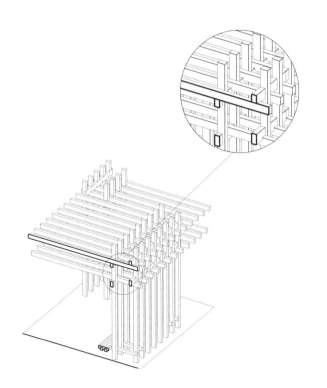

软化景观

北京这所学院的中心绿地曾被铺装成广场，上面有数座喷泉和布局严格对称的石质游廊。该轮硬化改造使得附近的居民，尤其是老年人，失去了休闲活动的去处。因此，我们被邀请进行再次设计。我们首先是通过铺设地形略有起伏的草坪来软化地面，并在草坪上植树，这样既能遮阳，也能缓和大尺度开放空间的空旷感。

构建界面

第二步是引入可供人们休息、运动或社交的空间。我们利用建筑元素为这些活动提供便利，同时形成人工向自然的过渡。

我们使用小尺寸木料构造双层悬挑结构，一方面为人们提供遮阳顶棚和座位，另一方面也可供爬藤和其他植物生长攀爬。新的木廊架比以前的石长廊低得多，因此也形成了更加宜人的尺度。这些木廊架，不仅将景观围合其中，还参差交错地向周围开阔的绿地延伸、渗透。此外，我们还为这个校园设计了两个入口大门，一个是南校门，另一个是住宅区大门。两个大门以传统的木材和黏土砖作为主要材料，希望将回廊的建造思路也带到学校与城市之间的界面。

∨ 悬挑结构的长廊

> 长廊下的光影效果

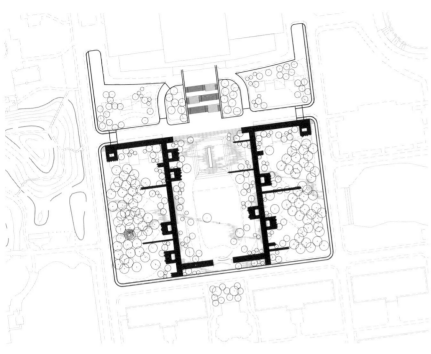

总平面

∨ 悬挑结构的长廊

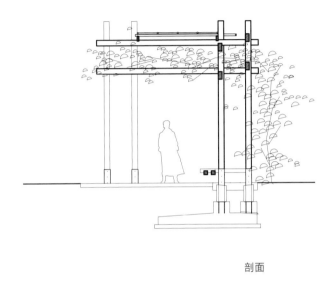

剖面

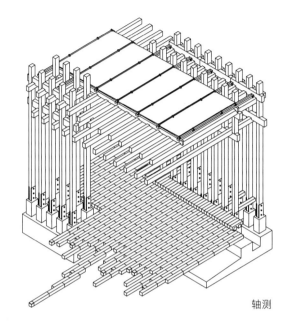

轴测

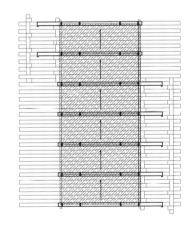

屋顶平面

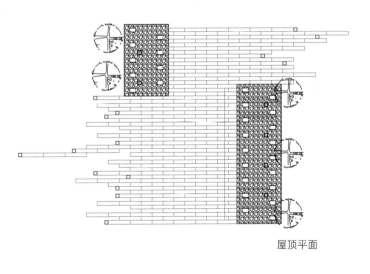

屋顶平面

0　1　2　　　　　5m

座椅也是长廊的一部分

双层悬挑棚架

长廊结构细部

∨ 长廊双层棚架之间的空间

砖工细部

∨ 南校区北门

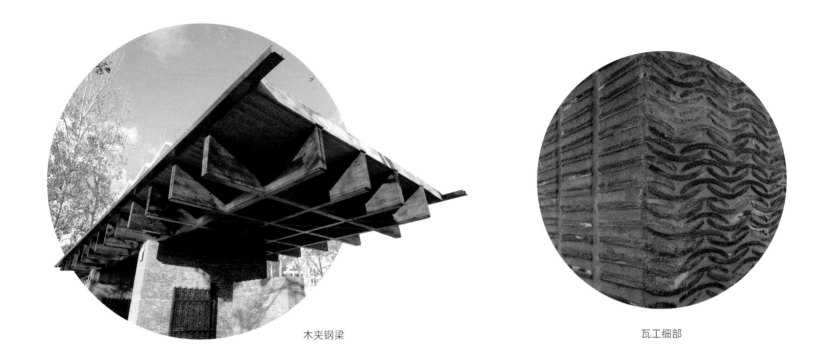

木夹钢梁

瓦工细部

∨ 住宅区南门

[室内外体验]

诺华上海园区实验楼

Novartis Shanghai Campus

中国，上海

2016 年

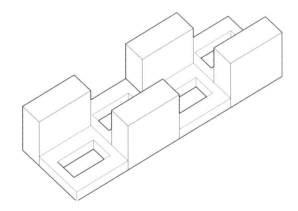

设计长征

自 2006 年开始，非常建筑对诺华上海园区进行了总体规划，并为其编制了建筑设计导则。在上海，诺华延续了其瑞士巴塞尔园区的做法，每栋建筑都邀请了不同的建筑师设计。此外，中心园林及小院落的空间和景观也是由不同的设计师设计的。诺华给建筑师们提出的思考方向是：创建一个宜居的工作社区，让这里有家一样的氛围，为互动与合作提供更多机会。2016 年，诺华上海园区一期完成施工，共有七栋建筑落成。

庭院城市

在总体规划中，我们把院落作为空间结构组织总平面，将服务生活设施放置在庭院内部或周围。我们还试图用 "庭园" ——建筑和景观在空间上相互融合的概念，来模糊 "院" 和 "园" 之间的区别。整个园区建筑内外空间相互连通，形成一个丰富且连续的步行系统，让人们可以体验到一种对江南园林的现代诠释。

实验楼内公共空间的营造

我们设计的实验楼中心是一个围合的庭园，景观设计由朱育帆完成。根据总平面图，各种公共服务设施分散布局，以吸引园区的使用者在各楼之间探索或 "游园" ，从而鼓励人们在户外活动。庭园的一侧是园区餐厅，在庭园的另一侧，即餐厅的对面，是五层高的实验楼。本着诺华把实验室家居化的精神，我们在实验楼每层面对庭园的一侧，都设置了具有家庭氛围的非实验室工作空间。在实验楼内，我们把不同大小的开放式平台在中庭的竖向空间中上下叠摞，并利用楼梯使其与各楼层相互连接。这些平台有明确的空间质量，但并没有指定的功能。研究人员在上下楼的途中可以在这些平台上休息、看书、冥想。在研发工作中互动合作至关重要，楼梯加平台的设计也旨在增加科学家们偶遇并交流的机会。

带有地域风格的立面

为了体现文化上的延续，我们将四种不同灰色调的椭圆截面的现代陶土板逐渐旋转，使它们分别构成实验楼的外饰面和窗外的遮阳百叶。在餐厅及廊子的屋顶上，我们选用了另一种陶产品，使建筑从整体上呈现出老江南黏土砖瓦的色调、质感和气质。

> 从庭院中仰望实验楼

刘家琨
家琨建筑设计事务所创始合伙人、主持建筑师

陶筒瓦的颜色经历了几次变化，起初应该就有青灰的概念，这是对传统的自然响应。后来曾经至少谈到过陶土本色，这意味着（非常建筑）转而追求材料本真性并照顾业主希望温暖怡人的愿望。如果没记错，设计中一度出现过深一些、暖一些的棕灰色，似乎是更注重现场直观感受而不依附于概念，后来又稳定在青灰上，这表明和传统建筑的抽象联系已经确定下来，在此之后都是青灰系列里的一些微妙变化。

在引用传统到底是直接一些还是抽象一些这个问题上，我感觉张永和好像终于下定了决心，并且为之欣然。这些动作，对一些建筑师来说可能很轻松，但对他来说，很可能就要经历一番内心挣扎：对传统的引用，太抽象看不懂，太直接又像在卖弄，宣言容易分寸难，而分寸和气韵正是中国传统精神的核心要素。

楼梯中庭是内部空间的核心面貌，那些放大成休息座的楼梯平台、明朗的员工餐厅、斜瓦顶的裙房、方正简约的室外庭院都很令人愉快。对我来说，这些地方隐隐约约有一种"老北京"的气质，大气而疏朗。更令人鼓舞的是，在分寸方面下的功夫最终没有白费，这种气质已经不大像是刻意设计出来的，而像是无意间流露出来的。

（本文节选自《诺华上海园区规划与实验楼，上海，中国》，曾发表于 2017 年《世界建筑》第 10 期。）

∨ 俯瞰园区

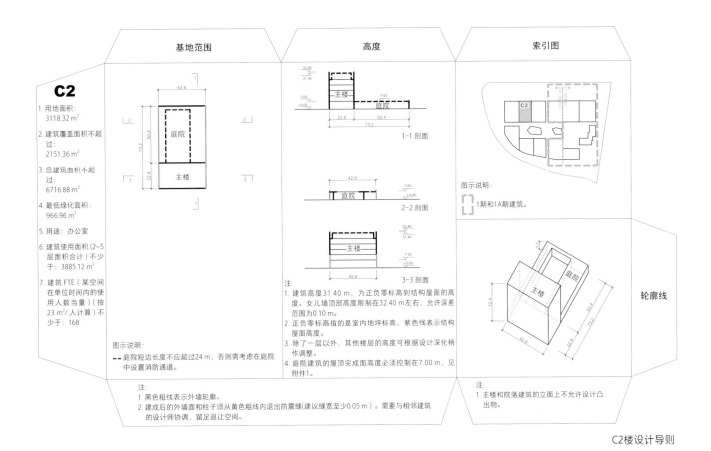

C2

基地范围

1. 用地面积：
   3118.32 m²

2. 建筑覆盖面积不超过：
   2151.36 m²

3. 总建筑面积不超过：
   6716.88 m²

4. 最低绿化面积：
   966.96 m²

5. 用途：办公室

6. 建筑使用面积（2~5层面积合计）不少于：3885.12 m²

7. 建筑FTE（某空间在单位时间内的使用人数当量）（按23 m²/人计算）不少于：168

图示说明：
-- 庭院短边长度不应超过24 m，否则需考虑在庭院中设置消防通道。

注：
1. 黑色粗线表示外墙轮廓。
2. 建成后的外墙面和柱子须从黄色粗线内退出防震缝(建议缝宽至少0.05 m)。需要与相邻建筑的设计师协调，留足退让空间。

高度

1-1 剖面

2-2 剖面

3-3 剖面

注：
1. 建筑高度31.40 m，为正负零标高到结构屋面的高度。女儿墙顶部高度限制在32.40 m左右，允许误差范围为0.10 m。
2. 正负零标高指的是室内地坪标高，紫色线表示结构屋面高度。
3. 除了一层以外，其他楼层的高度可根据设计深化稍作调整。
4. 庭院建筑的屋顶完成面高度必须控制在7.00 m，见附件1。

索引图

图示说明：
▢ 1期和1A期建筑。

轮廓线

注：
1. 主楼和院落建筑的立面上不允许设计凸出物。

C2楼设计导则

C5

基地范围

1. 用地面积：
   4304.16 m²

2. 建筑覆盖面积不超过：
   3975.84 m²

3. 总建筑面积不超过：
   14 474.88 m²

4. 最低绿化面积：
   328.3 m²

5. 用途：实验室

6. 建筑使用面积（2~5层面积合计）不少于：8749.44 m²

7. 建筑FTE（某空间在单位时间内的使用人数当量）（按43 m²/人计算）不少于：203

图示说明：
-- 庭院短边长度不应超过24 m，否则需考虑在庭院中设置消防通道。

注：
1. 黑色粗线表示外墙轮廓。
2. 建成后的外墙面和柱子须从黄色粗线内退出防震缝(建议缝宽至少0.05 m)。需要与相邻建筑的设计师协调，留足退让空间。

高度

1-1 剖面

2-2 剖面

3-3 剖面

注：
1. 建筑高度31.40 m，为正负零标高到结构屋面的高度。女儿墙顶部高度限制在32.40 m左右，允许误差范围为0.10 m。
2. 正负零标高指的是室内地坪标高，紫色线表示结构屋面高度。
3. 除了一层以外，其他楼层的高度可根据设计深化稍作调整。
4. 庭院建筑的屋顶完成面高度必须控制在7.00 m，见附件1。

索引图

图示说明：
▢ 1期和1A期建筑。

轮廓线

注：
1. 主楼和院落建筑的立面上不允许设计凸出物。

C5楼设计导则

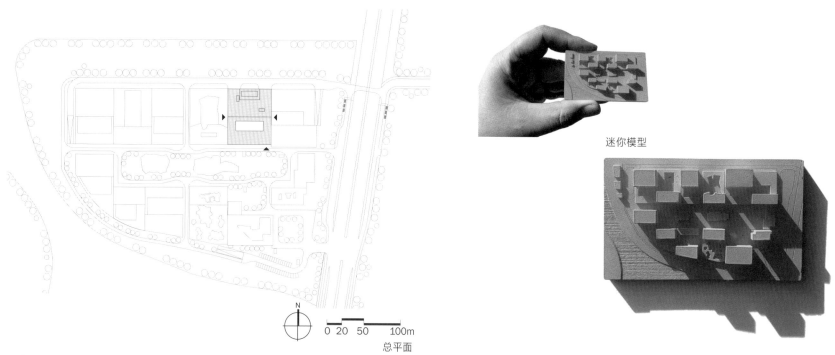

迷你模型

∨ 鸟瞰透视效果

总平面

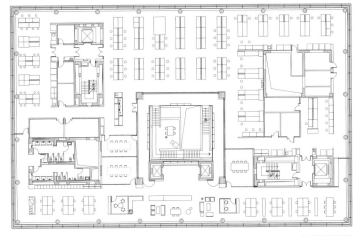
标准层平面

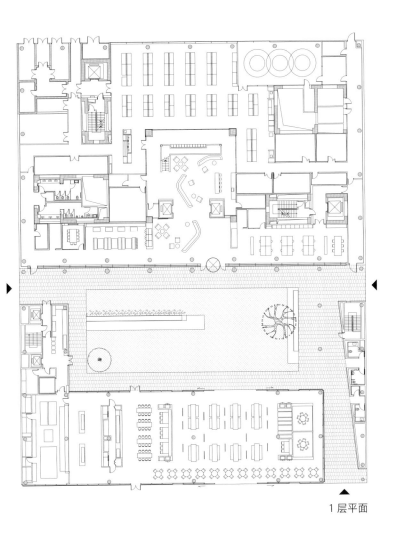
1 层平面

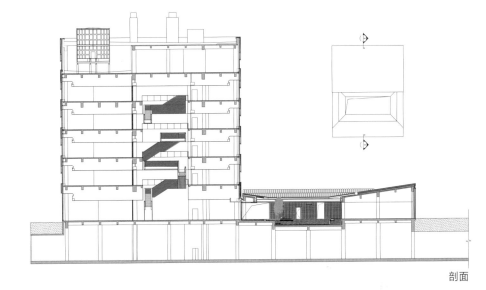
剖面

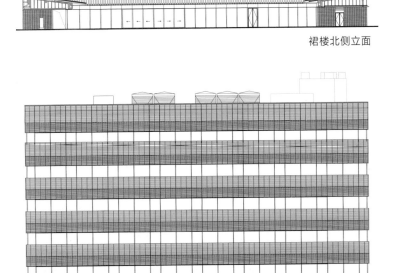
裙楼北侧立面

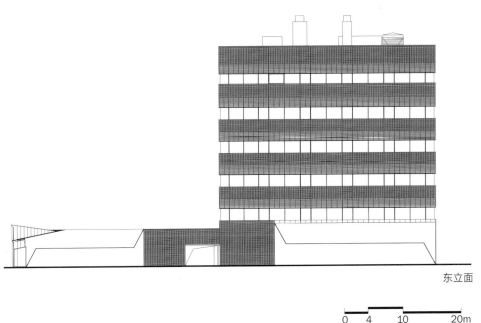
南立面

东立面

0 4 10 20m

<1 白天实验楼立面
<2 夜晚实验楼立面

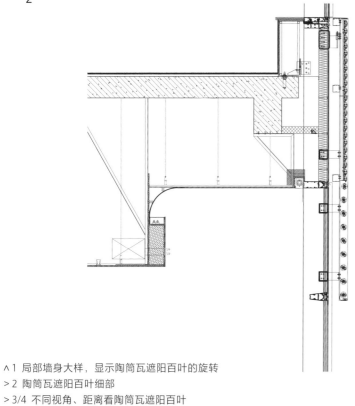

∧1 局部墙身大样，显示陶筒瓦遮阳百叶的旋转
>2 陶筒瓦遮阳百叶细部
>3/4 不同视角、距离看陶筒瓦遮阳百叶

1	2
3	4

< 实验楼内中庭里叠摞的平台
> 俯瞰平台

[室内外体验]

砖亭
Brick Kiosk

中国，广东，深圳
2017 年

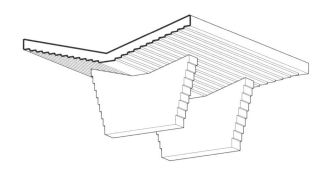

壮建筑

在 2017 年深港城市\建筑双城双年展 (UABB) 中，我们受邀在展览所在地——深圳南头古城入口处设计一个小型的建筑，用于双年展期间向参观者提供指引、分发地图和宣传册，双年展结束后则改为零食铺。我们设计了一个开放的亭子。其作为永久性建筑的预设，让人联想到国内最常见的两种建筑材料：砖和混凝土。我们用砖混的伞状结构撑起壮硕的华盖，人们可以在下方逗留或相遇，并交流来自双年展的信息。

材料实验

砖材使用广泛，又具有比肩石材和混凝土的坚固性。在路易斯·康（Louis Kahn）与砖的对话中，这种小尺寸的黏土块以拱的形式砌出巨大的跨度，充满诗意地强调了这种横贯古今的建造逻辑。不过，我们也常常设想用砖来做悬挑。而这个设计方案是受到场地中一座雕塑的启发：一位举起双手的壮士。我们希望砖亭和这位邻居一样强壮，把砖和混凝土举向天空。

∨ 深圳南头老城鸟瞰图，前景处是砖亭

> 雨夜的砖亭

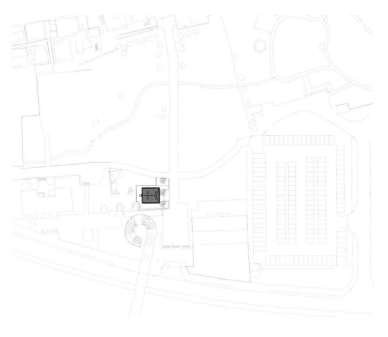

总平面

∨ 营业中的砖亭，左边为壮士雕塑

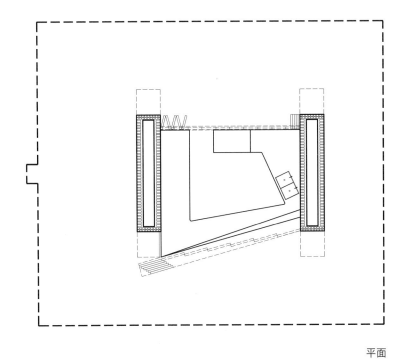

平面

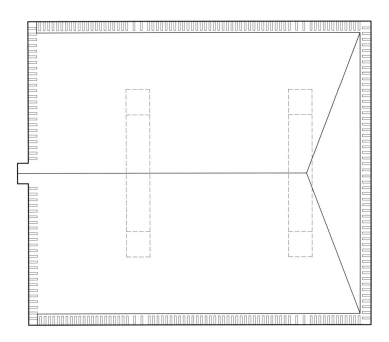

屋顶平面

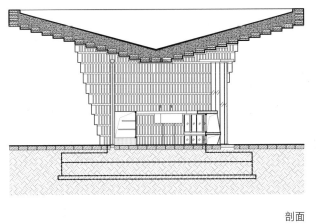

剖面

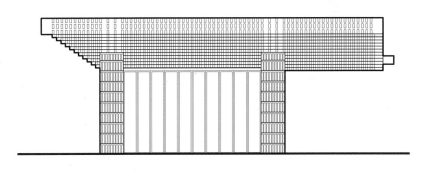

立面

0　1　2　　　　　　5m

在砖上开槽

∨ 施工过程

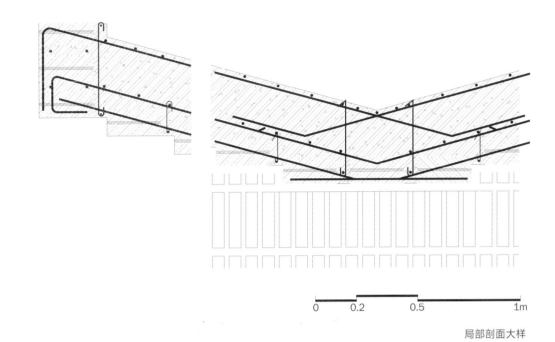

0   0.2   0.5   1m

局部剖面大样

∨ 砖混叠涩细部   ∨ 排水口细部

[室内外体验]
舍得文化中心
Shede Visitor's Center

中国，四川，遂宁
2019 年

世外基地

距离成都和重庆均为 200 千米左右的沱牌镇是四川的一个企业小镇，是中国老字号酒厂舍得酒的酿造基地。或许因为相对幽静的地理位置，沱牌镇似乎同时保留了中国改革开放前的工业城镇和乡村聚落的氛围。文化中心坐落在舍得生产区的门前，与涪江及一座公园隔路相望。

白酒旅游项目

文化中心融合了多种功能，包括酒文化博物馆、宾馆、宴会厅、研发中心等，为游客们拉开了酒之旅的序幕。

设计一个线性村庄

经过调研，我们意识到沱牌镇吸引游客的秘诀不仅在于名酒，也在于其纯净的自然景色和宁静的地域气质。我们希望在设计中保留这些特质。文化中心综合体被视作连接工业园区与自然景观的纽带，其建筑空间由一系列带内院的馆，以线性排列方式组成，而形式语言则由深檐和木板墙等低调的本土词语所构建。

建筑剖面

馆的剖面好像一把张开的伞，无梁混凝土楼板从中部朝两侧悬挑而出。这把"伞"从檐口到中心处逐渐由薄变厚，并在最厚的区域隐藏暖通管道。

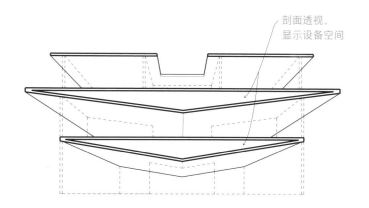

剖面透视，
显示设备空间

∨ 舍得文化中心及后面的酒厂

154

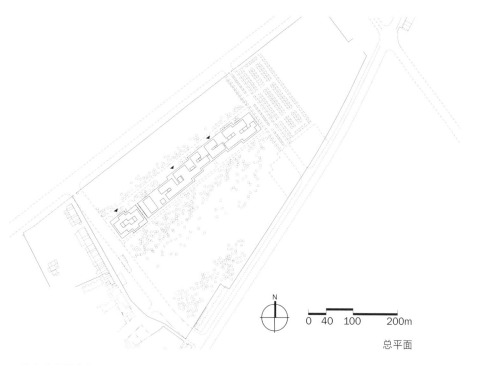

总平面

∨ 从东北方看中心

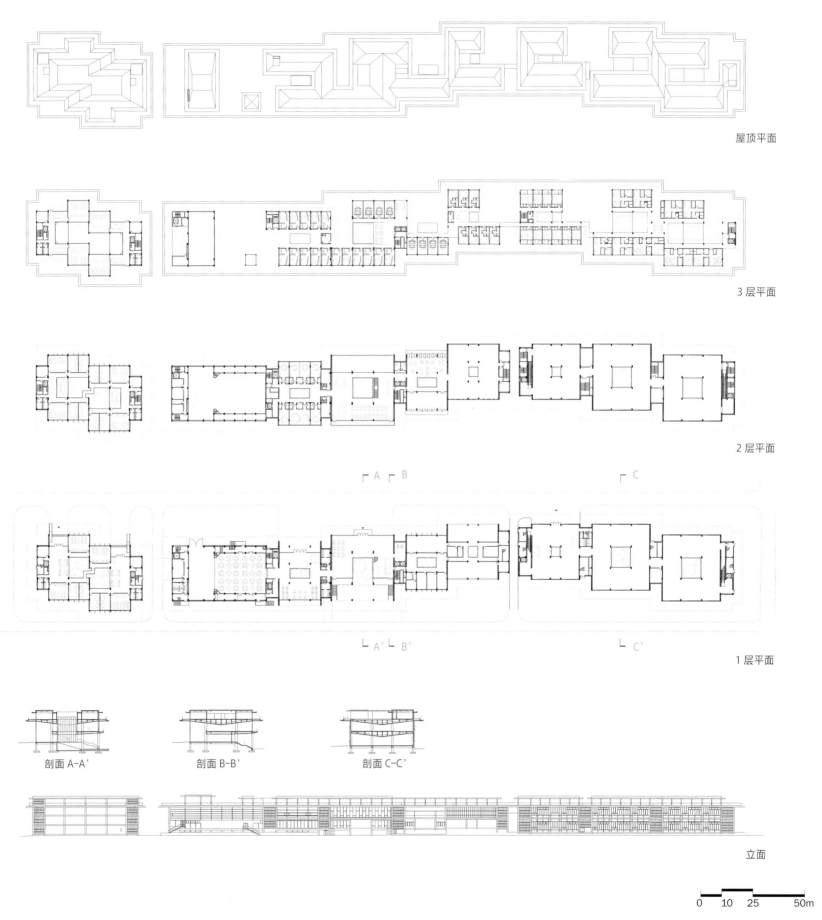

屋顶平面

3 层平面

2 层平面

1 层平面

剖面 A-A'　　　　剖面 B-B'　　　　剖面 C-C'

立面

0　10　25　　　　50m

四川民居

典型体量

典型平面

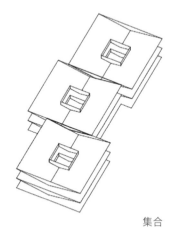

集合

∨ 南立面

剖面

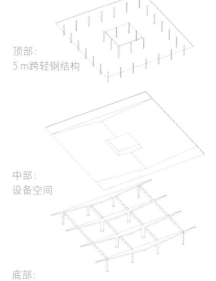

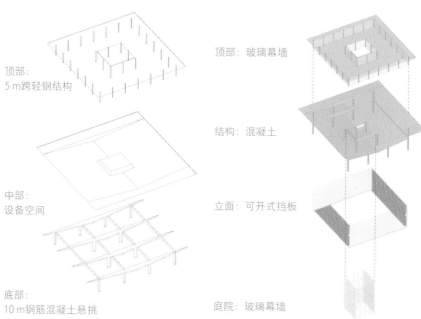

顶部：
5 m跨轻钢结构

中部：
设备空间

底部：
10 m钢筋混凝土悬挑

顶部：玻璃幕墙

结构：混凝土

立面：可开式挡板

庭院：玻璃幕墙

∨ 伞式结构体系

[室内外体验]

雅莹时尚艺术中心
EP YAYING Fashion and Arts Center
中国，浙江，嘉兴
2021 年

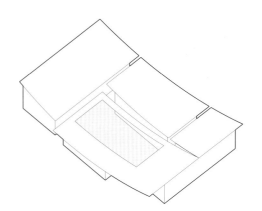

基地受限，项目复杂

基地：现有的地基和地下室需要保留，并在新的设计中加以利用。

项目：提供一系列质感不同、尺度各异的空间，用于收藏和展示艺术品／服装，举办服装表演、采购订货、培训和讲座、品酒会等活动，同时还要容纳书店、餐厅、咖啡馆等场所。

统领全局的形式

我们采用一个连续的折旋形曲面屋顶将四个不同基础条件、功能、体量的独立建筑连为整体，在中间围合出一个庭院。换言之，也就是赋予复杂群体一个明确的形式关系。宽大的曲面屋顶向内院悬挑，围绕中心的庭院形成延绵的半室外檐下空间。从室内向室外延伸的天花板系统调节了不同空间之间的关系。

混凝土，工程竹

我们采用混凝土框架与剪力墙相结合的结构体系，并在多处使用清水混凝土材质。用于遮阳和屏蔽的立面格栅和曲檐天花板均由竹纤维增强聚合材料制成。混凝土可以被视为"土"的当代版本，而工程竹则是"木"。在中国传统中，"土木"即建筑。

∨ 全场鸟瞰

> 内庭院

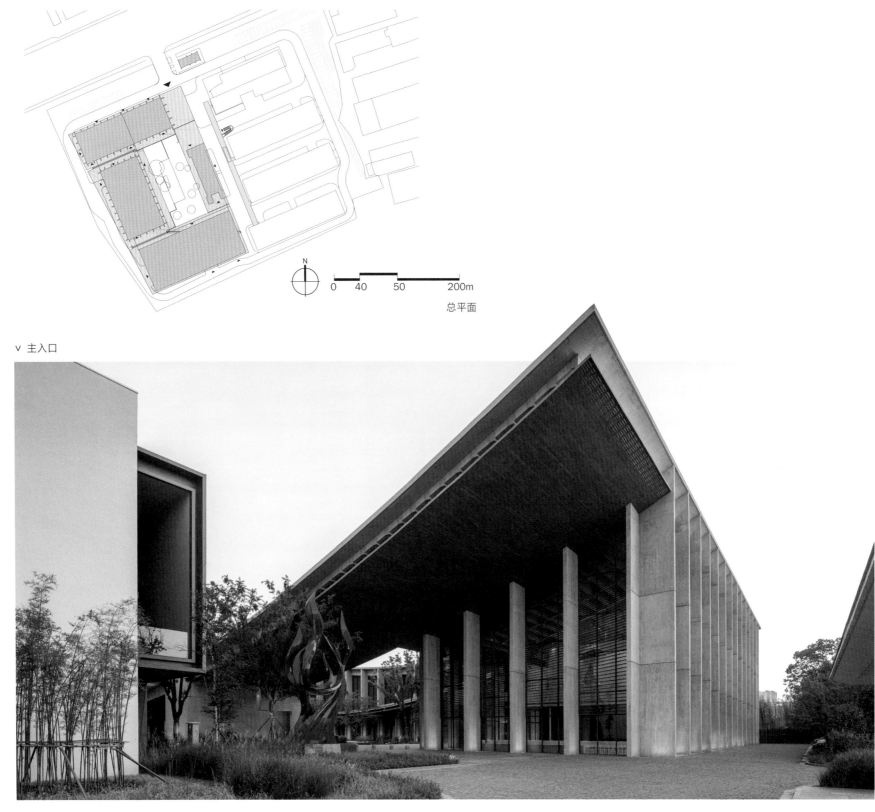

总平面

∨ 主入口

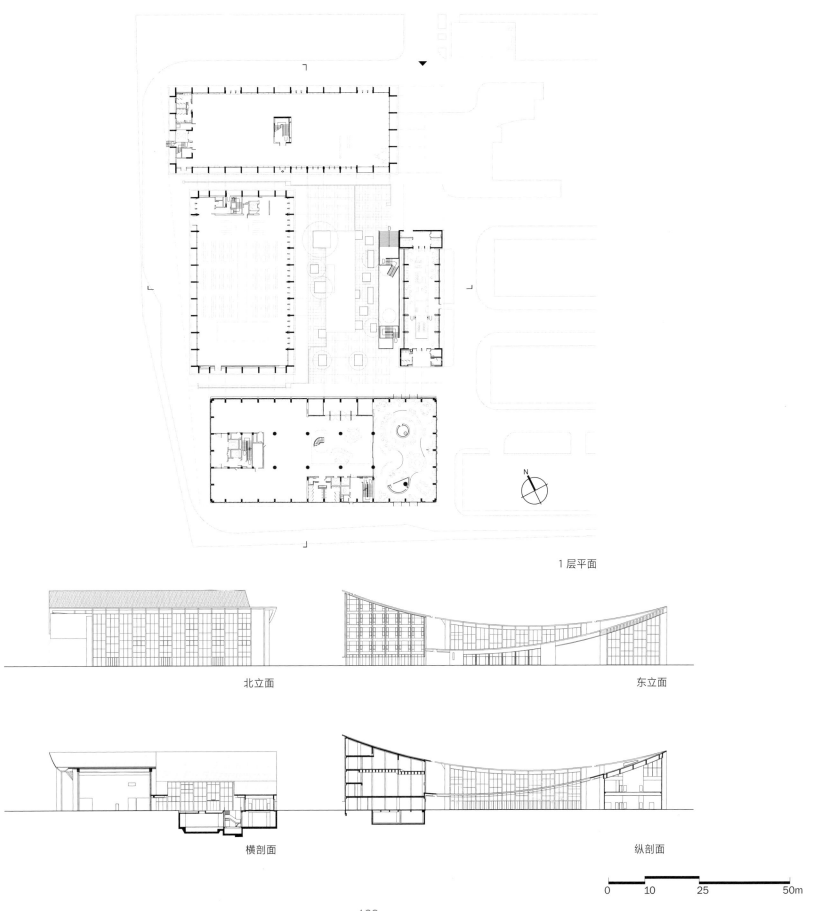

1 层平面

北立面

东立面

横剖面

纵剖面

0   10   25   50m

169

< 建筑外围的剪力墙柱
> 从主入口看内庭院

> 织物般轻盈弯曲的双层挑檐
>>（174页）地上秀厅与地下订货厅
>>（175页）下沉庭院

内庭院与下沉庭院

∨ 挑檐下的半室外空间

内庭院水景下隐约可见的地下订货厅天窗　　　庭院中的安静角落

∨ 从地下展厅的天窗仰望庭院水池

楼梯间的月亮窗

v 主楼报告厅

v "美述馆" 活动空间

风格迥异的一期与廊楼

> 1 廊楼一层
> 2 廊楼二层楼梯口平台
> 3 通往廊楼三层的楼梯
> 4 三层如桥一般的走廊
> 5 廊楼三层一端的露台
> 6 廊楼的一个尽端

1	2	3
4	5	6

∨ 一期与二期之间的廊楼

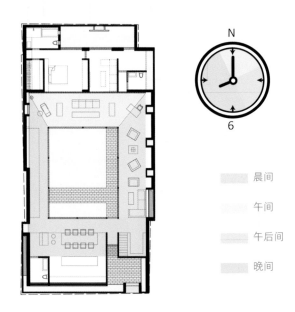

[室内外体验]

环宅
Loop House
中国，北京
2022 年

背景 + 基地

北京老城区以由胡同和四合院构成的城市肌理而闻名。在四合院中，庭院位于房子的中间，在旧时通常是整个家庭的生活中心。庭院周围的房间互不相连，因为它们被大家庭中不同的小家庭所使用。

功能

一对有三个孩子的年轻夫妇找到我们，希望为他们设计一个既能感受传统北京生活，又符合现代生活方式的新四合院。

设计策略

在城市层面上，我们认为在历史肌理中插入新的组成部分应该是不留痕迹的，并且应保留传统四合院的基本空间结构。同时，庭院周围的房间被重新整合成了一个连续的空间，从而创造一个舒适、节能的室内环境，并让居住者尽可能地享受庭院，也就是让他们切实地生活在庭院周围。最终，我们为这个五口之家设计的不仅是一个居所，还是一种只能在四合院中体验到的生活方式：早晨在西侧，中午到北侧，下午去东侧，晚上在南侧。也就是说，在一个环形的客厅里，日常生活跟随太阳的轨迹围绕庭院展开。

∨ 日照射分析图

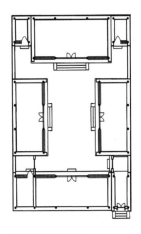

典型四合院平面

N

6

晨间

午间

午后间

晚间

> 鸟瞰

>> (184页) 东厢房的午后阳光
>> (185页) 沐浴在晨光中的西厢厨房

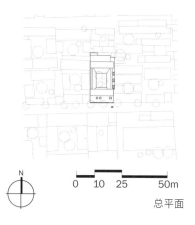

N

0　10　25　　　50m

总平面

∨ 从北房望向院子

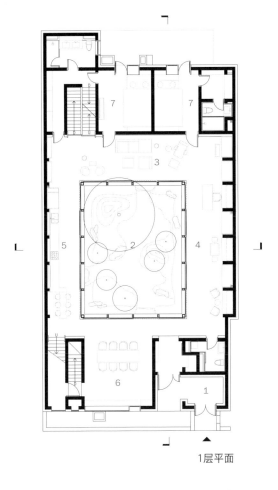

1层平面

南立面

横剖面

2层平面

1 出入口
2 院子
3 聚会区
4 起居室
5 烹饪区
6 用餐区
7 休息室

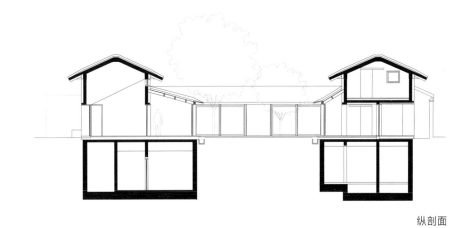

纵剖面

0   2   5   10m

2
1 ─────
3

< 1 傍晚景象
< 2 檐角细部
< 3 由非常建筑设计的"我爱瑜伽"系列家具中
的一把椅子

中国学舍
Maison de la Chine

法国，巴黎
2023 年

永久的建筑博览会

项目的基地位于法国巴黎十四区的巴黎国际大学城（CIUP）。该大学城拥有超过 40 座以各个国家命名的校舍，并因威廉·M. 杜多克（Willem M.Dudok）设计的"荷兰书院"（1926）、勒·柯布西耶设计的"瑞士馆"（1930）、勒·柯布西耶与卢西奥·科斯塔（Lucio Costa）联合设计的"巴西之家"（1954），以及克劳德·帕朗（Claude Parent）设计的"伊朗馆"（1969）等馆舍而在建筑领域著称。"中国学舍"位于大学城南侧，北临园区绿地和运动场，南靠巴黎环路，内设 300 间单人宿舍和一个可容纳 500 人的文化活动厅。

生活在景观中

在柯布西耶的健康生活理念被广泛接受的今天，我们将宿舍楼围绕着中央庭院布置形成一个环形，让学生的生活在一个宜人的自然环境中展开。建筑屋顶被设计成花园，而位于中央庭院的阶梯廊道将一系列平台庭院相串联，在建筑中心创造了垂直景观。

带文化基因的材料

建筑采用带有北京传统文化基因的灰砖作为主要外立面材料，在外墙的砌筑上通过镂空和叠涩等手法来展现细节和工艺，并以此作为建筑的形式语言。同时，建筑立面的凹凸设计，对改善北边光照和南侧噪声等问题皆有所帮助，也彰显了房间及居住者的个性。内立面采用木格栅，与外立面的黏土砖一起，再次重申了中国古代对建筑的特有定义。

中法团队

来自中国的非常建筑与来自法国的 Coldefy 事务所合作赢得了为此项目举行的国际建筑设计竞赛。

∨ 张永和手绘设计草图

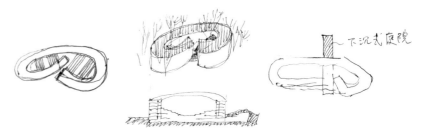

> 黄昏时刻从环路看中国学舍

王骏阳
建筑理论及评论家
南京大学教授

巴黎国际大学城素有小型"国家联盟"之称，这里已有40多个国家的留学生公寓，其中最著名的无疑是勒·柯布西耶于1930—1932年完成的瑞士馆（瑞士学生公寓）。当时，柯布正致力于现代建筑的探索，"新建筑五点"、"光明城市"、底层架空、玻璃幕墙，这一切都反映在瑞士学生公寓的设计中。可以说，无论从技术还是美学角度，该建筑都充满创新精神，也是巴黎大学城第一个具有现代主义特征的建筑。

然而，勒·柯布西耶关于城市和建筑思想的诸多问题也伴随着这个建筑。首先，"光明城市"能否构成一个好的城市模式？从张永和近年来在城市问题上的发声来看，这是一个值得质疑和反思的模式。不奇怪的是，在"中国学舍"项目中，底层架空和独立式建筑单体的"光明城市"模式被传统的围合模式所取代，无论其原型来自中国的客家大院还是巴黎的奥斯曼城市街区（即使底层部分架空，外围仍然保持基本围合）。与此同时，一个巨大的豁口在面向大操场的立面上形成，由此带来与传统原型相异的围合方式。内院中的公共楼梯被巧妙地安排在这个豁口位置，既为整个建筑赋予某种纪念性和公共性的入口，又可形成独特的建筑亮点。

勒·柯布西耶最初为瑞士学生公寓设计了一个玻璃砖加可开启透明玻璃窗的南立面，之后改为玻璃幕墙。和差不多同时建成的巴黎救世军总部大楼一样，这在实际使用中导致房间冬冷夏热，直到20世纪50年代经过幕墙改造和遮阳处理后，情况才有好转。与此不同的是，"中国学舍"为每个房间赋予阳台或凸

窗的立面厚度，并以此形成角度各异且足以带来立面变化的砖砌花格墙体，在夏季使用空调不甚普及的巴黎，这无疑有助于改善室内环境，也对遮挡南侧公路的交通噪声起到一定的作用，尽管这种"双层表皮"在当代建筑中已比比皆是。

屋顶花园是勒·柯布西耶"新建筑五点"的重要元素，但在瑞士学生公寓只得到十分有限的运用。相比之下，"中国学舍"不仅在内院屋顶形成花园，而且将它作为整个建筑的重要元素予以表现。勒·柯布西耶提出屋顶花园的理由之一是它有助于改善平屋顶的保温隔热，这在当今已不算什么了不起的理由，在"中国学舍"肯定也可以接受。只是顶层屋顶花园如何使用可能会是一个不确定的问题。非常建筑的解决方案是在屋顶形成环形光伏跑道。但是面对已经存在的地面大操场和大学城良好的室外步行系统，人们不免还是会对这个跑道的必要性产生怀疑。而且，如果跑道不仅作为一个勒·柯布西耶式的"建筑漫步"元素，还真正具有运动和健身作用（一种现代主义理想），那么它似乎又过于平坦，空间力度不够。

无论如何，这是一个在诸多层面都值得我们期待的项目。

（本文节选自《巴黎国际大学城"中国之家"，巴黎，法国》，曾发表于2017年《世界建筑》第10期。）

> 东南角

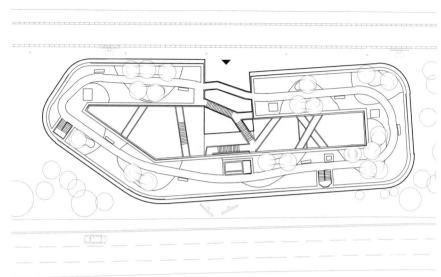

总平面

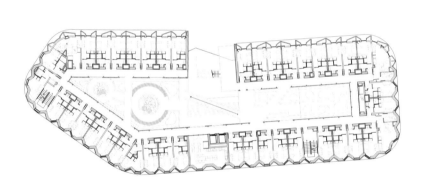

标准层平面

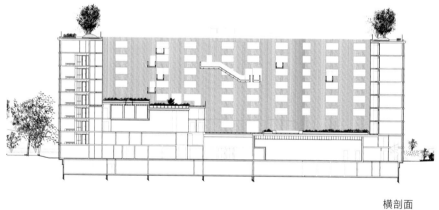

横剖面

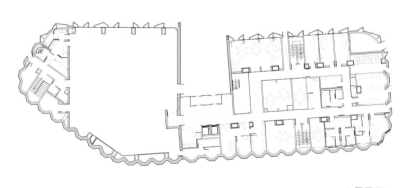

1层平面

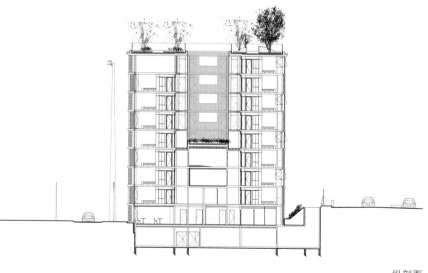

纵剖面

0 4 10 20m

194

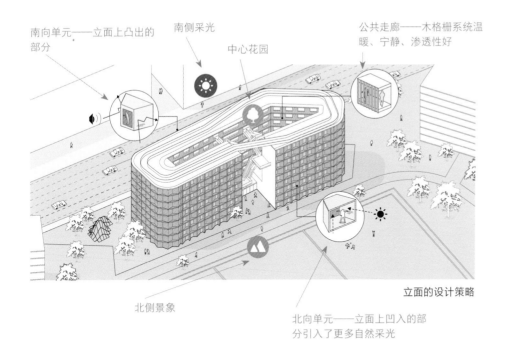

南向单元——立面上凸出的部分

南侧采光

中心花园

公共走廊——木格栅系统温暖、宁静、渗透性好

立面的设计策略

北侧景象

北向单元——立面上凹入的部分引入了更多自然采光

中国传统的砖叠涩

∨ 北立面局部　　　　∨ 用中国传统的叠涩方式砌筑的檐口

195

> 1 从屋顶花园远眺埃菲尔铁塔
> 2 中庭里的木格栅立面
> 3 交通环廊与楼梯相接

< 在五层的屋顶平台向东望

温州医科大学国际交流中心
Wenzhou Medical University Building

中国，浙江，温州
建设中

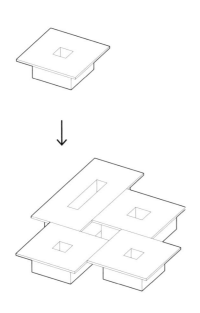

气候与伞

项目所在地温州是一个气候温和的城市。这让我们不禁思考，人和自然的亲密关系，即户外生活，在这里是否更具备实现的条件？因此，在这个设计中，气候成了起点。为了达到建筑与环境融合的目标，首先，我们化整为零，将内容丰富的交流中心布置成由八栋建筑组成的群体。八栋建筑分别承担的功能是大讲堂、教室、图书馆、专家宿舍、学生中心、学生宿舍（两栋）及行政办公。然后，我们为单体建筑设计了伞形的剖面，打破建筑的封闭性，从中心向边缘形成四层空间：中心庭院（室外）、空调区（室内）、廊下（半室内）、檐下（半室外）。师生们可以在不同气候条件下，选择适当的空间进行学习、交流或其他活动。巨大的挑檐（最大达 10 米）在两个建筑单体之间构成室外大厅，使公共性的集体活动，如音乐会或体育项目也成为可能。也许可以认为，我们通过建筑设计邀请温州医科大学的师生体验一种室内外界限模糊的学习和生活方式，从中让他们更能意识到自己所处的地理环境的特点。

基本结构

在这个项目中，我们采取了国内普遍使用的混凝土框架体系，通过施加预应力获得深挑檐。

COMMENTS 评论

童明
东南大学建筑学院教授
TM Studio 建筑事务所主持建筑师

似乎提到教育，总是与树木分离不开。佛祖释迦就是在菩提树下开化顿悟、超凡脱俗的；先师孔子，端坐杏坛，读书弹琴，授业解惑。一棵撑张而开的大树，从茫然荒野中界定出一个微观环境，不仅构造了阴凉、宜人的停伫空间，而且从树木到树人，寓意着成长与发展。

非常建筑设计的温州医科大学国际交流中心所提供的第一幅图景，即为一片带有起伏地坪的树林。树荫之中，散落的学生乘凉、学习、野餐。而建筑，则作为一种填充，间歇性地"飘浮"于林木之间。

从庭院到檐下，从檐下到外廊，再到室内空间，如此的空间系列关系，似乎也在陈述着非常建筑对校园场景的理解。

由此可见，留学生教学生活楼的设计，并非始于规则性、模式化的建筑实体，而是这四个"室外房间"。从这四个植满大树的室外房间悬浮而出的巨型挑檐，在场地上彼此结合，创造了更多的"半室外房间"，而真正的室内房间则作为一种标准、成熟的模块，参与了这一场景的营造过程。

（本文节选自《温州医科大学国际交流中心，温州，中国》，曾发表于 2017 年《世界建筑》第 10 期。）

设计理念：景观之上的巨大华盖，张永和手绘

庭院施工现场

∨ 施工现场

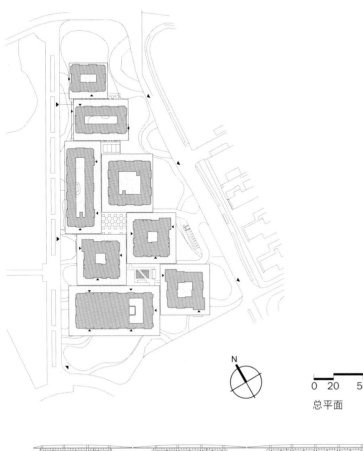

N

0 20   50   100m

总平面

西立面

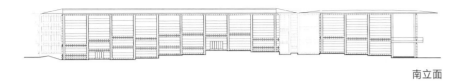

南立面

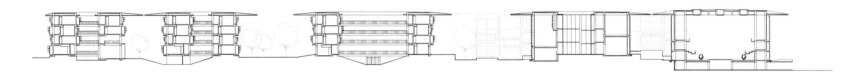

剖面 A-A'

0 10 25   50m

1 层平面

2 层平面

0   10   25   50m

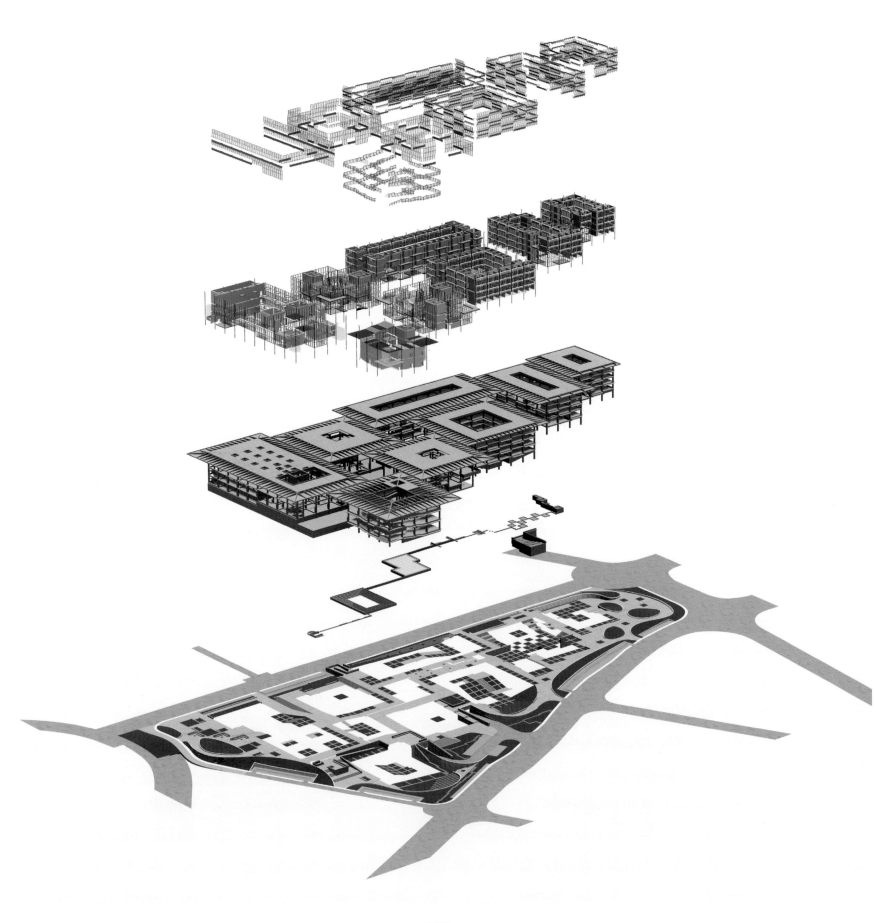

空间层次示意图

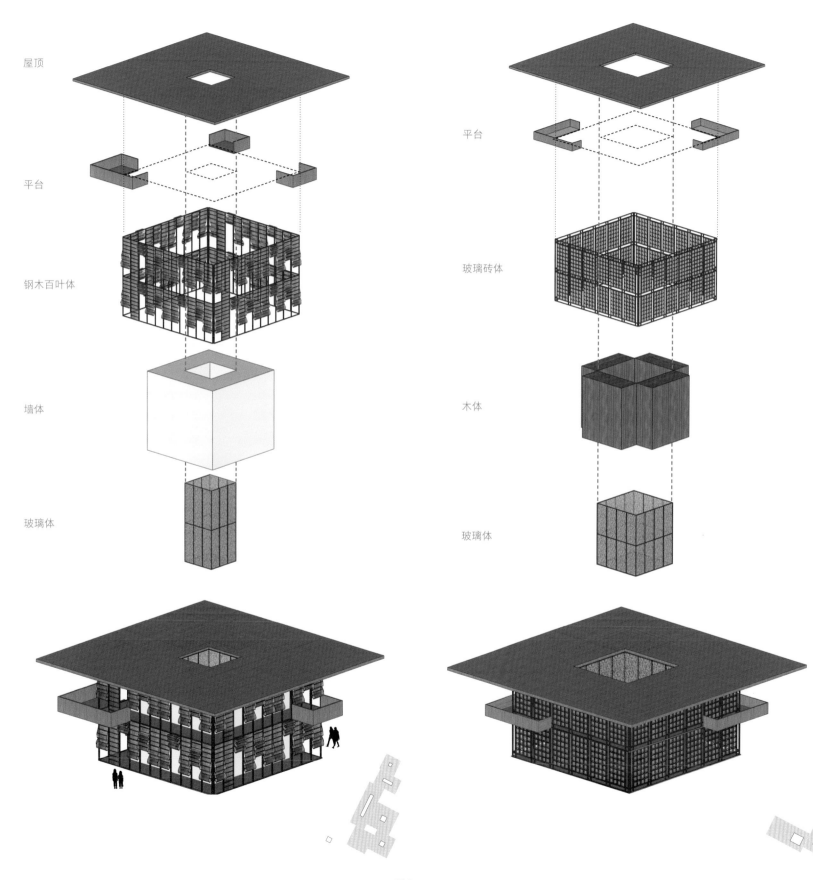

屋顶

平台

钢木百叶体

墙体

玻璃体

平台

玻璃砖体

木体

玻璃体

空间概念

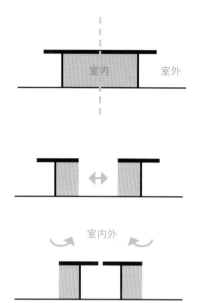

室内　室外

室内外

四层空间

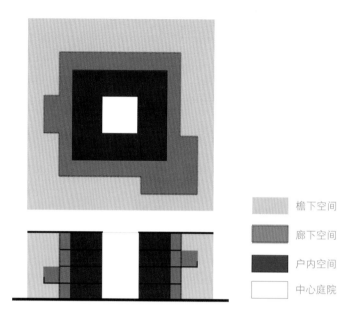

檐下空间

廊下空间

户内空间

中心庭院

∨ 楼宇之间的院子

∨ 宿舍之间既内又外的空间

中国美术学院良渚校区

CCA Liangzhu Campus

中国，浙江，杭州

2021 年（一期），2023 年（二期）

宿舍

＋

工坊

新校区，新教育模式

中国美术学院（国美）在杭州良渚设立了一个新校区。作为以艺术为本的综合大学，国美在这里设立了 4 个学院：创意设计学院、艺术管理学院、基础教育学院和继续教育学院。该校区将容纳 3000 名全日制学生和 1000 名继续教育学生，并建立 4 个教研方向：发展跨学科创新人才，推动设计与信息经济，融入人工智能技术，建立当代设计教育新标杆。

建筑育人

根据国美的任务要求，我们认为建筑可以也应该成为教育体系的一部分，即校园空间应有利于动手和实验，并鼓励学生在课堂内外的互动与协助。尽管传统的教室仍然有其存在的必要性，但良渚校区的主要教学空间被重新定义为一系列开放、延绵的工坊。工坊可以作为常规课程的教学空间，也可以是学生们独自阅读、写、画，或结伴讨论的场所。在这个空间里，所有的校园活动尽可一览无余。我们将其称作"超级工坊"，并希望在这个校园环境中能够模糊教导和学习、研究与实践的界限。

居学

在良渚校区，学生宿舍就建在"超级工坊"之上。工坊、公共空间、宿舍自下而上的垂直布置把学生的生活和学习融为一体，体现了"校园即社区"的理念。宿舍被称为"学舍"，因为其中设置了专门为学生自发组织"兴趣社"的空间。兴趣社是学生自学课程的一种形式。我们希望通过建筑向学生推介"生活即教育"的思想，这正是良渚校园规划及工坊设计背后的核心理念。

∨ 场地鸟瞰（一期工程完成）

﹥ 工坊与宿舍鸟瞰

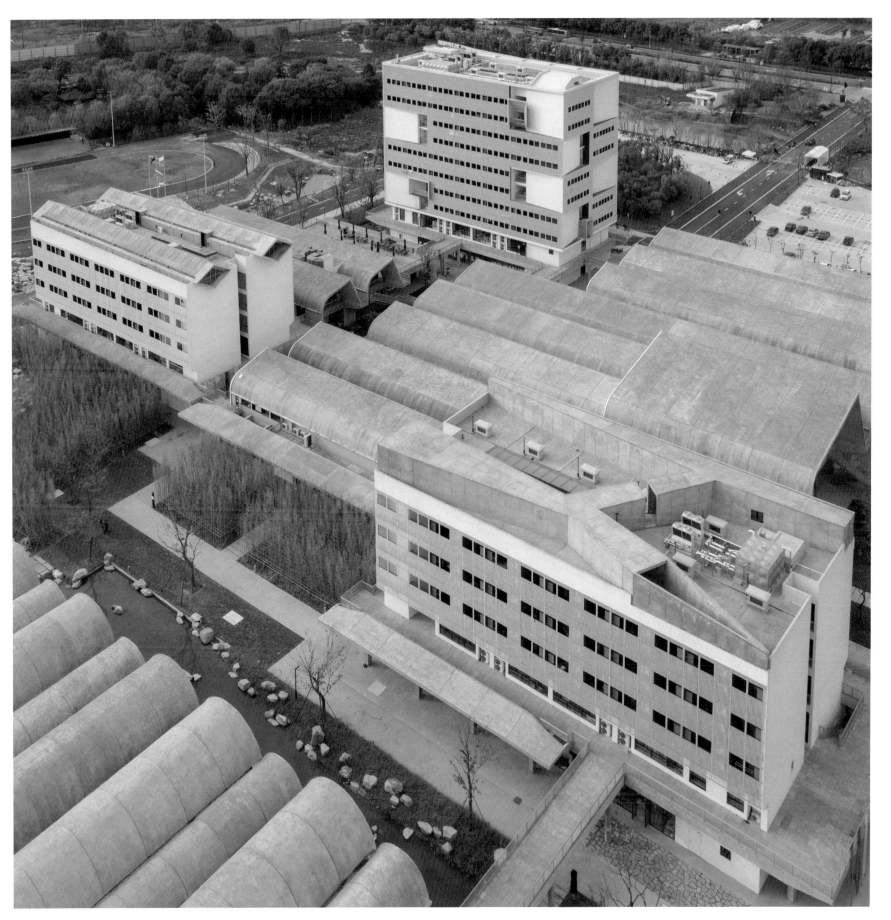

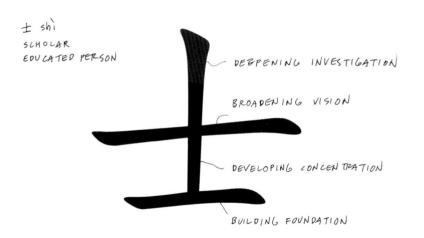

士 shì
SCHOLAR
EDUCATED PERSON

DEEPENING INVESTIGATION

BROADENING VISION

DEVELOPING CONCENTRATION

BUILDING FOUNDATION

居學

教育体系概念

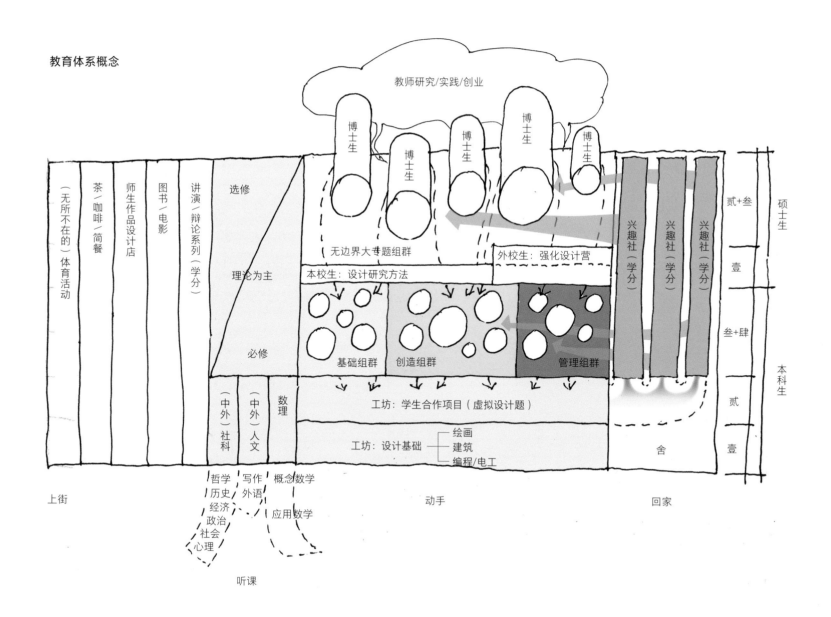

在开放的工坊里：

她看到了什么？

她在哪里上课？

她会遇见谁？

在开放的工坊里：

到处都是创意火花的碰撞；

学习将不止于教室内，而是随处发生；

她遇见了未来的合作者。

开放、连续的空间：空间成为场域

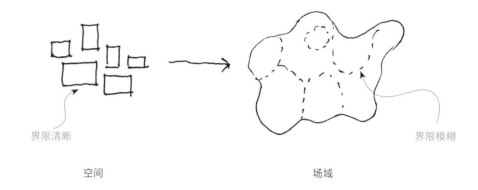

界限清晰　　　　　　　　　　　　　　　　　　　　　界限模糊

空间　　　　　　　　　　　　　　　　　　　　　场域

∨ 连续工坊的研究模型

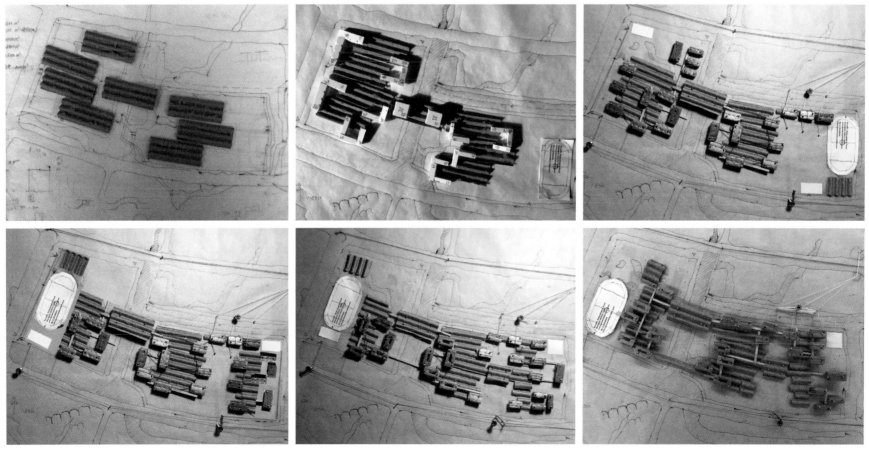

1 层平面

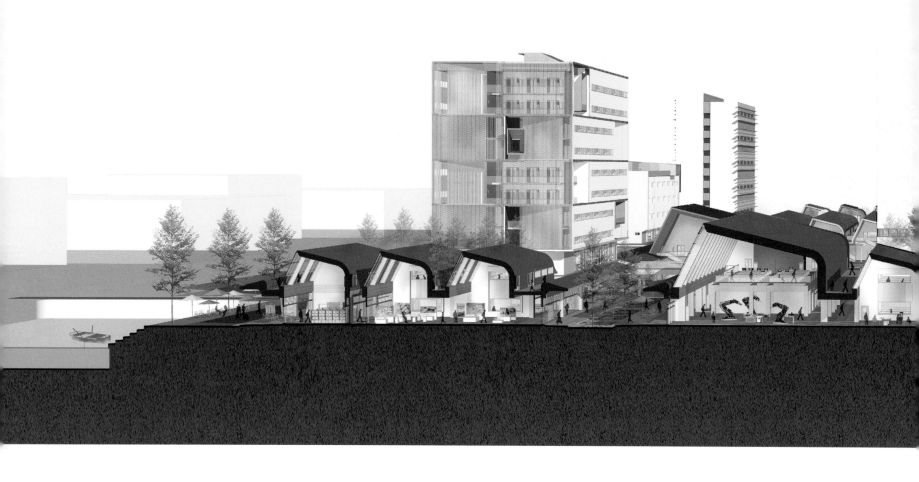

∨ 校园横剖面

7 号高层宿舍楼平面

顶层平面

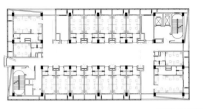

标准层平面

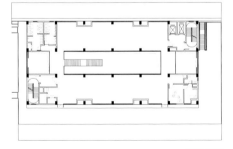

2层平面

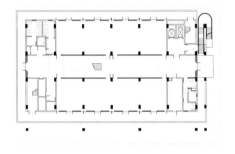

1层平面

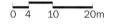
0　4　10　　20m

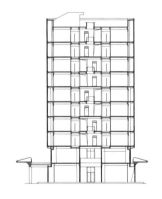

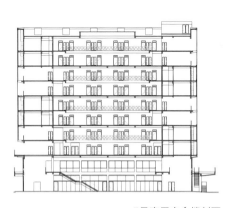

7号高层宿舍楼剖面

体育馆剖面

体育馆平面

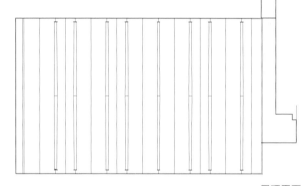

屋顶平面

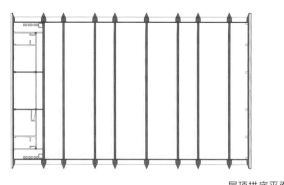

屋顶拱底平面

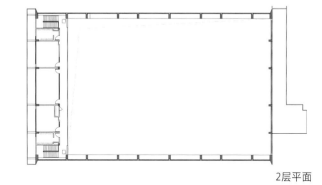

2层平面

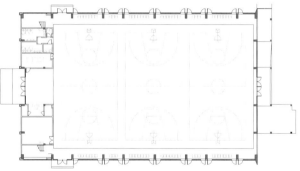

1层平面

214

8号多层宿舍楼层平面

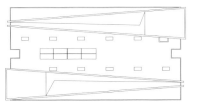

屋顶平面

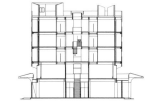

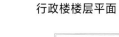

行政楼楼层平面

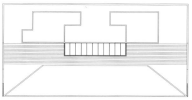

屋顶平面

顶层平面

8号多层宿舍楼剖面

5层平面

标准层平面

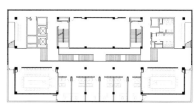

4层平面

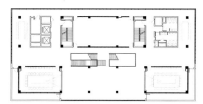

3层平面

2层平面

2层平面

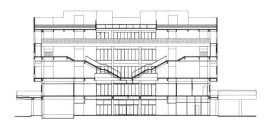

1层平面

行政楼剖面

1层平面

∨ 校园肌理（局部）

高层宿舍立面局部

∨ 宿舍楼的一、二层，二层将用于学生兴趣社

∨ 宿舍公共空间

∨ 工坊局部剖面

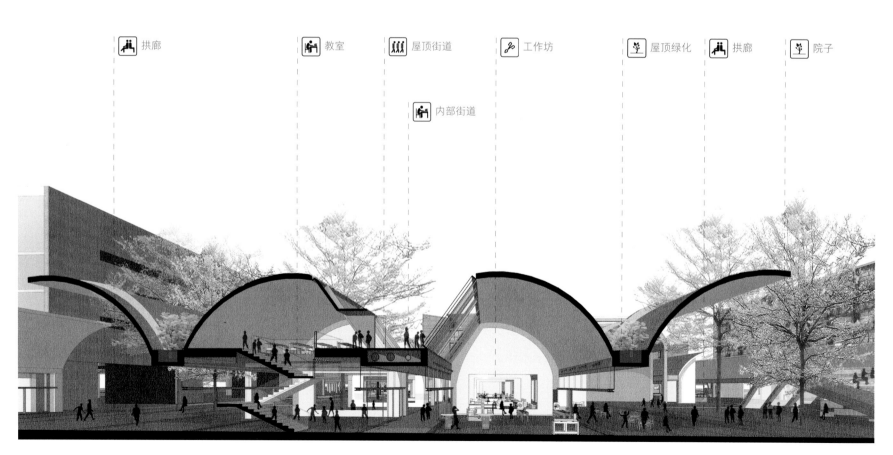

拱廊　　教室　　屋顶街道　　工作坊　　屋顶绿化　　拱廊　　院子

内部街道

拉伸网表面施工过程

先抹一层水泥砂浆

再将拉伸网压入灰浆内

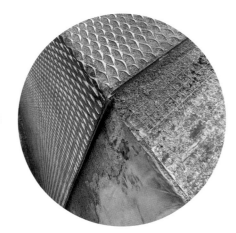

角落细部

∨ 在探索器外表面使用了拉伸网

∨ 拉伸网表面局部

二层食堂内景

∨ 工坊出挑的拱顶

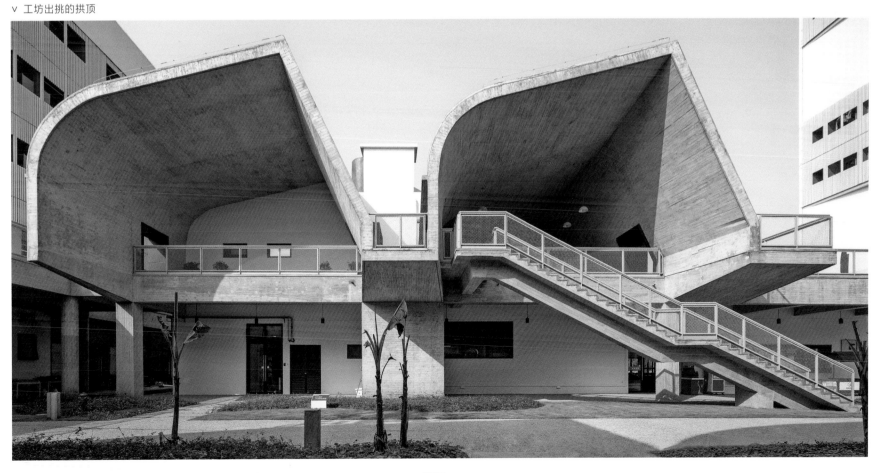

< 工坊拱顶下的空间

工坊内部的连续空间

工坊二层专业教室内教学场景

∨ 工坊室内

∨ 通向工坊二层的楼梯

体育馆内景

∨ 从宿舍与工坊间远眺体育馆

工作服设计

1935年杭州国立艺术专科学校设计系毕业生

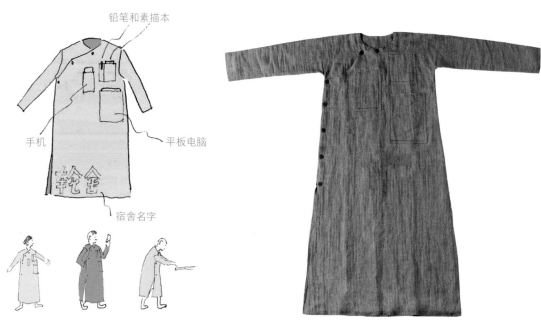

铅笔和素描本

手机

平板电脑

宿舍名字

张永和手绘设计草图

工作服样品

∨ 连通自然河道的"剑池"

∨ 体育馆外的景观水系

[学习体验]

可开放幼儿园
Open Kindergarten

中国，北京

2022 年

打破教室的限制

在当今中国的教育体系中，从幼儿园到大学，教室往往扮演着重要角色。这个封闭的空间为儿童和学生提供了一个安全的环境，但同时也限制了他们的班际交往和探索精神。可开放幼儿园的设计强调了空间的灵活性，为每个教室设置了一个可完全敞开的界面。当这些界面被打开时，原本各分为四间教室的三个楼层，每一层都转变为一个大操场或社区中心，孩子们在这里交友、玩耍。

挑战紧张的预算

一般来说，教育设施的预算相对较低。通过把设计重点放在空间上，即使采用常规的结构和普通的材料，也可能创造推动教育向前发展的建筑，突破造价限制的阻碍。

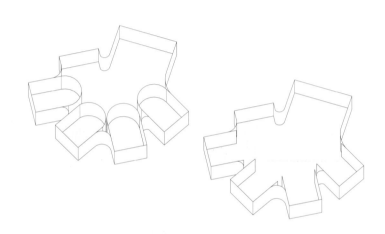

∨ 开放式的教室单元，共享楼层公共空间

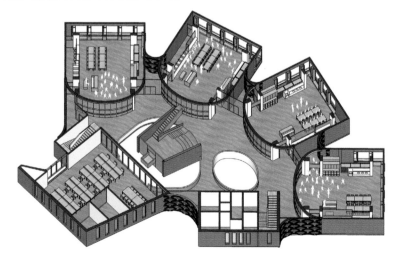

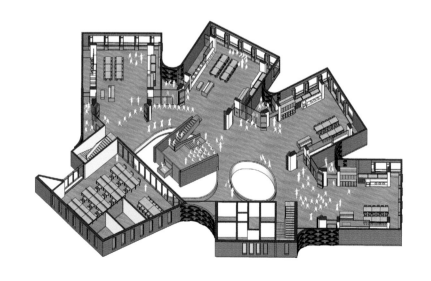

>鸟瞰

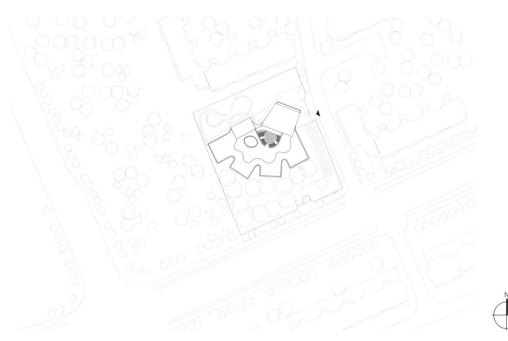

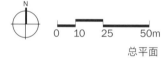

总平面

∨ 从南侧的活动场看幼儿园

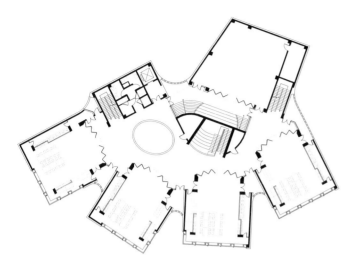

3 层平面

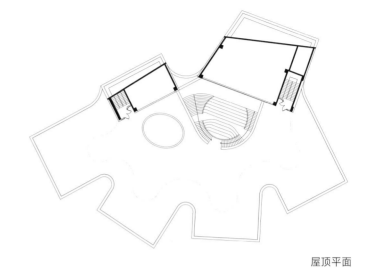

屋顶平面

A

A'

1 层平面

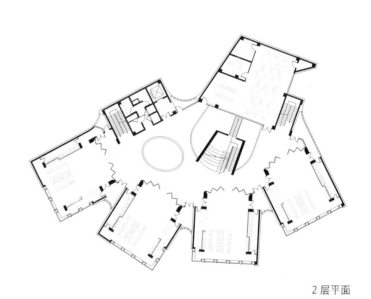

2 层平面

剖面 A-A'

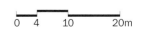

0 4 10 20m

< 每个班级教室向两个朝向开窗，为室内带来充沛的阳光

镂空圆孔墙面为半室外阳台营造出有趣的光影变化

∨ 主入口

∨ 弧形的半室外阳台成为活动空间的柔性连接

∨ 围绕中庭排布的班级单元

< 从三层中庭看阶梯式露天剧场

∨ 三层的开放式多功能厅可作为一个小剧场　　　　　　　　　　　　　> 孩子们可以坐在露天阶梯上观看表演和活动

[生活方式体验]
垂直玻璃宅
Vertical Glass House
中国，上海
2013 年

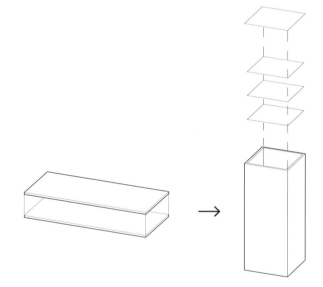

22 年前的设计

垂直玻璃宅最初是为了参加 1991 年日本《新建筑》杂志举办的国际住宅设计竞赛而设计的，并荣获了佳作奖。2013 年，上海西岸建筑与当代艺术双年展决定将这个方案建成永久性参展作品，并计划将其作为来访艺术家和建筑师的客房。

玻璃宅与城市

玻璃宅早已成为现代住宅的一种类型。垂直玻璃宅作为一个当代城市住宅原型，对现代主义缺乏隐私的水平透明性进行批判，并试图重建透明玻璃与家居生活在垂直相度上的关系。这座房子的透明性产生了两种体验。一种是精神体验：由于外墙是围合封闭的，而多层楼板和屋顶是透明的，这个住宅将居住者置于天与地之间，创造了一个私密的冥想空间。另一种是物质体验：垂直透明性使现代住宅所需的设备、管线、家具（包括楼梯）叠加成可见的家居系统，这也是对"住宅是居住的机器"理念的又一种阐释。

材料 + 结构

这栋 4 层建筑占地面积约为 36 平方米，墙体采用现浇清水混凝土，正中心的方钢柱和"十"字形钢梁将每层分割为 4 个大小相同的方形空间，每 1/4 个空间对应一个特定的居住功能。建筑的各层楼板均采用 7 厘米厚的复合钢化玻璃。此外，建成的垂直玻璃宅还增加了原设计中没有的空调系统。

∨ 垂直玻璃宅远景

> 从木板路上看垂直玻璃宅

魏晋时期的名士刘伶在家总是赤身裸体，曾有名言："我以天地为栋宇，屋室为裈衣……"刘伶或许是垂直玻璃宅的理想居民。

∨ 水彩，张永和手绘，1991年
　左：日剖面，日光照入
　中：日立面（左），夜立面（右）
　右：夜剖面，灯光射出

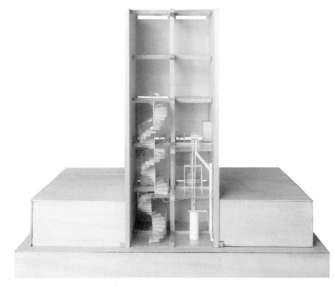

剖面模型

∨ 水彩，张永和手绘，1991年
上：一层平面（地下室），二层平面（街道入口），三层平面，四层平面
下左：俯视各层
下中：仰视各层
下右：空间透视

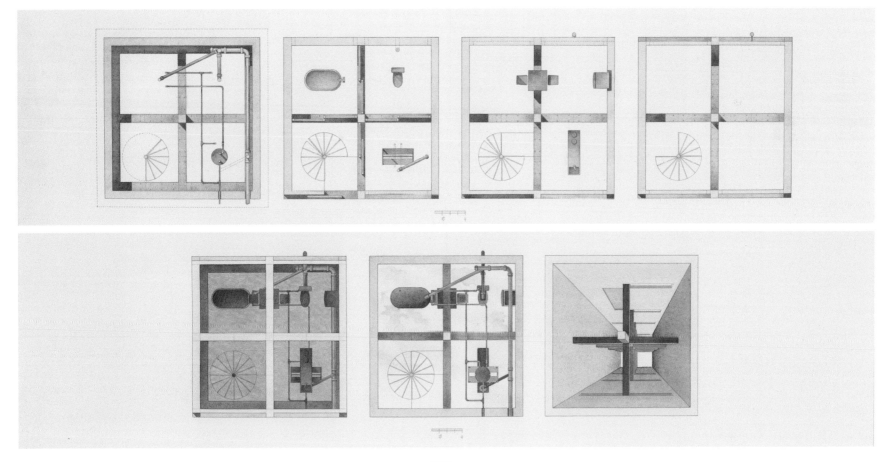

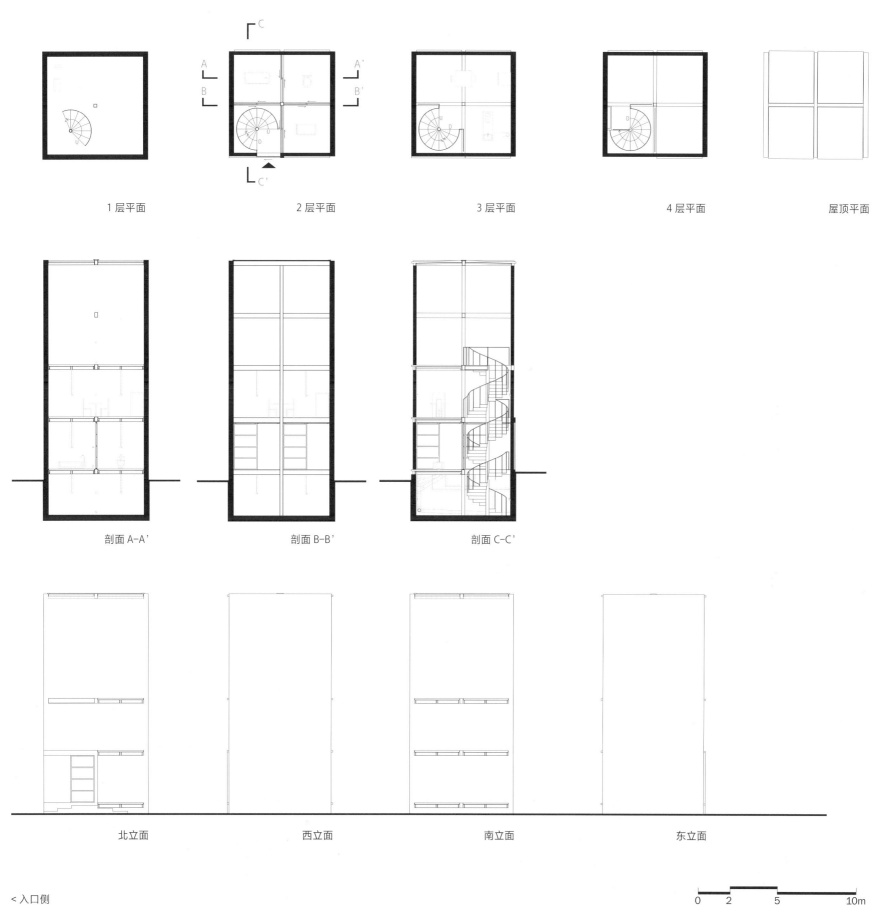

1 层平面   2 层平面   3 层平面   4 层平面   屋顶平面

剖面 A-A'   剖面 B-B'   剖面 C-C'

北立面   西立面   南立面   东立面

< 入口侧

0 2   5   10m

∨ 二层入口

∨ 三层的桌椅，二层的马桶

∨ 三层的储物箱，二层的澡盆

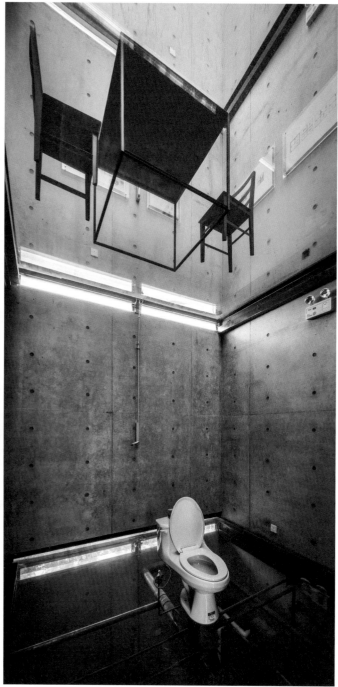

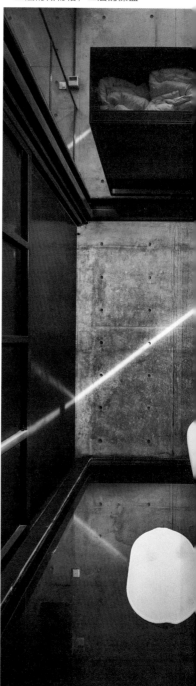

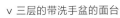
∨ 三层的带洗手盆的面台

∨ 四层的冥想空间

∨ 由摄影师扮演的"现代刘伶"

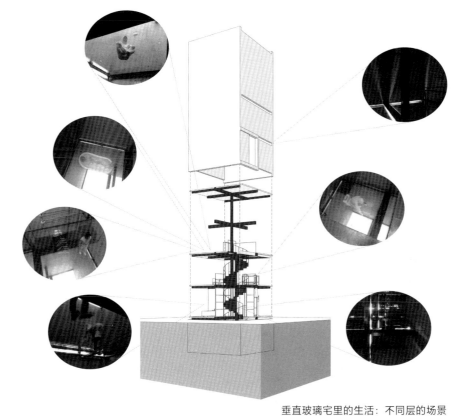

垂直玻璃宅里的生活：不同层的场景

宅在"垂直玻璃宅"里的本体论转移

王辉
URBANUS 都市实践建筑设计事务所创建合伙人、主持建筑师

张永和的"垂直玻璃宅"在上海徐汇滨江西岸已经落成几年，这个当初建成时热闹了一下的建筑，反而在现在热闹起来的西岸滨江公园里沉寂了。这要归罪于它外表的封闭性，很多人看到这个秃头秃脑的混凝土筒子，会误以为是一个功能为电梯间或通风口的构筑物。运营上的封闭性更使之被一般市民冷落。

其实，更不堪的冷落是来自业界对这个建筑的淡漠，好心人也至多认为这是张永和的自娱自乐。随着中国当代建筑的繁荣，作为引爆中国当代建筑井喷的先驱者之一的张永和，其作用和影响自然而然地会被稀释，并也会自然而然地成为无异于其他的在这江湖中的弄潮儿。然而，历史已经给了张永和的位置，似乎他依然应该有在这个位置上要发出的普世的声音，而不是自说自话。这种普世的声音即中国建筑在基于世俗业务大繁荣之上，有没有对建筑学本体问题的思考和贡献。这个问题可以成为真命题的前提是笃信日常生活即是形而上学。因此，这个问题对于张永和而言可能只好是个伪命题，因为"非常建筑"虽然无数次地表白了是"平常建筑"，但骨子里还是超越了日常的非常，所以要在世俗的委托之中去探究日常建筑的形而上是种悖论。这种世俗不仅是常见的世俗，也包含像诺华园区这样不常见的世俗。在这样的创作环境中，唯一合逻辑的逆袭是在不俗的委托之中能够抓住机会。作为 2013 年上海第一届"西岸建筑与艺术双年展"的参展作品，滨江项目就是一个难得的去功利化的机缘。张永和没有把这个无拘束的机会浪费在无谓的、和其他日常的委托也无异的创新上，而是从箱底里翻出了二十一年前的一张旧图纸。要感谢这个冷静的判断，让这个时代熔炉铸造出了一个思考普世的建筑本体问题的建成作品。

勒·柯布西耶经常说："一栋住宅，一座宫殿。"小住宅往往有大理念。同样，"垂直玻璃宅"不是小玩闹，而有大野心。张永和在《画图本》里宣言式地表白它是"探讨建筑的垂直透明性，同时批判了密斯·凡·德·罗的水平透明概念"。按照康德的概念，所谓批判就是去探索理性能力的边界。所以这句话翻译过来就是：以密斯为代表的现代主义的透明性已经走到头，为什么不转个九十度的弯，看看在垂直方向上新的可能？

关于透明性问题在现代建筑中的本体性地位，可以从现代主义运动的早期理论家佩夫斯纳的《现代设计的先驱者：从威廉·莫里斯到格罗皮乌斯》一书中对一百年前现代主义早期代表作的梳理中读到。这本书虽然在1936年第一次出版，但书中的案例截止于1914年。格罗皮乌斯和梅耶为德意志制造联盟展览会设计的科隆模范工厂是这本书结尾的高潮：一张工厂角部全透明的纤细钢骨玻璃楼梯间的照片。这种透明性是书中援引的其他几十个案例所不具备的，其中包括了这一阶段赖特、密斯的作品（柯布此时还没上正道）。有趣的是我拥有的该书的1964年的一个版本，封面设计排了四个建筑，唯独把这个玻璃楼梯照片提亮了。这样的一种战胜了重量感和物质感的透明性，被佩夫斯纳盛誉为"超越了中世纪哥特教堂玻璃窗的神秘性，而代表了一个注重科技、追求速度、勇于冒险、崇尚苦斗、不计安危的时代"。足见透明性所带来的感性美，已经是现代建筑有别于历代建筑的本体性指标了。

现代技术让现代建筑变得透明了，又容易让现代建筑设计变得肤浅，于是又要回到对透明性进行知性的思辨，这就是柯林·罗和罗伯特·斯拉茨基提出的第二种透明性：有别于感性的、字面上（也译为物理层面的）的透明性，一种充满了知性的、现象层面的透明性更有吸引力。刚被佩夫斯纳赞誉过的格罗皮乌斯式的透明性在这里成了靶子（案例是德绍包豪斯校舍），罗和斯拉茨基认为格罗皮乌斯注重的是玻璃的透明属性，在夸张了材料的美学特性后，过分直白的感性美，缺乏知性深度。所以他们更欣赏勒·柯布西耶在加歇别墅中所表现出的那种"现象的透明性"，即通过玻璃表面的透明性构成，使建筑的内部组织结构在其表象上呈现，唤起对看不见部分的思考，从而产生有意味的感官享受。如果再结合罗在探讨加歇别墅的另一篇著名文章《理想别墅的数学》，这种通

过立面来读到平面的"现象的透明性"，是一种高级黑似的"不透明的透明"，其实也只有少数的建筑专家才能读出其中的奥妙。而这点奥妙是建筑作为物自体而不依赖于其他因素的根本，换言之，是超越了一切条件的本体性的存在。而这种存在，竟能通过透明性的演绎来呈现，足见透明性是认知建筑的知性条件。

相比于后来人人喊打的现代主义玻璃盒子的简单粗暴的透明性，玻璃盒子鼻祖的密斯也有一套"观念的透明性"，即把透明性绝对理性化后推向了圣坛，使本来有丰富内涵的现代主义又成了理念的祭品。例如范思沃斯别墅，透明性对室内私密性的粉碎；在类似柏林国家美术馆的项目中，为了前后通透感而不惜把功能压到地下，以实现天花在透明中的连续。这种水平方向透明性的极致，虽然碾压了想当然应该优先的功能性问题，倒也把建筑问题引入了其他本质性的领域：例如，室内如何与自然融合，空间如何去物质化，细部如何精密轻巧，等等，从而把透明性从感性的"物理的透明性"和知性的"现象的透明性"范畴又带到了理性的"观念的透明性"范畴。

张永和的垂直玻璃宅，正是透明性在水平方向上走到极致之后的忽然间脑筋急转弯，所谓"批判了密斯·凡·德·罗的水平透明概念"，不妨理解为从另一个维度上看它又如何能在感性、知性和理性的三个层次上带来透明性新的意义。

所谓垂直玻璃宅，就是所有的水平楼板和屋面都是用透明玻璃做的，于是视觉上建筑的"层"在垂直方向上被叠加了，由材料性变异引发了新的空间类型学。当透明的方向转为垂直时，"物理的透明性"所带来的感性、直观的新奇与惊喜，是从两种"看"获得的。一种是直接通过眼睛看到的。因为在垂直向度上X光似的透视是日常经验中所没有的，于是眼睛对于所见就格外地敏感和好奇，使这个简单的空间反而处处抓人眼球，只要改变视角，不用移步就可易景了。另一种是间接通过头脑看到的。由于这样的空间有悖常理，因而会诱发人的想象力。一群朋友在这里玩耍，彼此会在不同的楼层间互动；而孤身在这里徜徉，眼前更会浮现出头顶上方那个空间里可能发生的戏剧化场面。这样，敞开的地面或天花变成了镜框式舞台，看空间变成了看想象力空间中各种各样的戏。楼面的这种材质的变化，就不只是一种手法的处理，而是对空间体验的本质性颠覆。这是宅在垂直玻璃宅里，由"物理的透明性"所带来的第一种对建筑空间的本体性思考。

张永和在近期的实践和教学中大力提倡"手工艺"，强调在建筑作品中能够读

到建构性。这是种建筑阅读的知性化努力，换言之，就是建筑师式的建造游戏。"垂直玻璃宅"是这种游戏的最佳案例。这个建筑的外表是碉堡式的混凝土筒，而这层文字意义上完全不透明的外皮，恰恰是我们阅读这个"玻璃宅"透明性的起点。建筑平面为正十字分割的 6 m x 6 m；建筑剖面为地下一层，地上三层，其中顶层为两层层高。这些信息都能从信息量极少的外部立面读出，例如，槽式条窗的窗间立柱暗示了结构梁位置，混凝土浇筑的分层线暗示了层高。而外部立面的所有表现也仅是这些内部信息的透露，使这个建筑的极少主义充满了理性的自律。外立面的不透明显然有悖于入口推拉门钢梁上阴刻的一行字：垂直玻璃宅。看到这行字再去品味立面上窄窄的条窗，会注意到从建筑内部"溢出"的玻璃：在窗的上檐口有一截出挑的夹胶玻璃披水。如果从外部看这条披水只是个有趣的窗口构造的话，走到内部会恍然大悟到这是搭在外墙上的玻璃地板！如果再仔细观察，在有入口的那个立面的门上方的槽窗上，少了条玻璃披水，而这个位置恰恰是没有楼板的楼梯间。有意思的是外立面这点微小的"出墙红杏"，竟成了解读这个建筑平面的一把钥匙，这种"现象的透明性"阅读，几乎可以代入罗和斯拉茨基阅读柯布加歇别墅的文本中。在中国当代的建筑实践中，张永和比较有个性的风格往往是这种知性的呈现，有一点知识分子的雅癖。这是宅在垂直玻璃宅里，由"现象的透明性"所带来的第二种对建筑空间的本体性思考。

显然，"垂直玻璃宅"是中国当代非常入世的建筑实践中难得的一次出世的机会。从表面上看，张永和抓住了一次游戏的机会；而从更深层看，他找到了批判当代建筑实践的一个突破口。翻阅凝聚了张永和 20 世纪 80 和 90 年代热血激情的《图画本》，会看到一个有趣的现象，其中大多数作品是对"宅"的研究。这是人类建筑的最本体的出发点，也是几乎所有成功的建筑师职业起步的原点。具有讽刺意味的是，中国近二十年的城市化，最大的建设量也是住宅，而这样的建造机会几乎都与张永和式的独立建筑师相互疏远。其原因在于，不同于张永和在 20 世纪 80 和 90 年代对住宅的浪漫想象，中国当代的商品住宅不仅是对建筑师想象力的扼杀，更是对使用者想象力的阉割。使用者不得不用各种拆墙凿洞的装修行为进行报复，方能勉强使其住宅合用。从这层意义上阅读垂直玻璃宅，才能体会到作为"理念的透明性"的批判现实主义意义。显然，这种垂直方向上的透明性不同于密斯侵犯了个人隐私的水平方向的透明性，它是对私密性的保护和解放。当代社会对私人领域的侵犯，一方面是用公共领域的规范来格式化私人领域，从而彻底地消灭私人领域；另一方面，是通过在集体层面上极其丰富的供给可能性，泯灭了个体独立创造的欲望。前者的结果是阿伦特所批判的公共领域的意识形态对私人领域的取代，后者的结果是马尔库塞所批判的发达资本主义时代所造就的没有批判意识的单向度的人。因此，如果想喊出柯布式的"建筑或革命"的口号，任何住宅领域的本体性的变革，必须以重新树立个性化的私人领域为目标。"垂直玻璃宅"就是从这层意义上打开了一条探索之路，因为它用一种空间理性颠覆了另一种空间理性，使在这个被理性推导出的空间里释放了非理性的能量，而这种非理性正是对理性的公共社会非理性地侵入私人领地的理性的抵制。其结果是这个空间有多理性地被设计，就有多不理性的行为可能性，并由此得出了这个设计有多不理性的种种批评意见。在这种理性与不理性的辩证中，"观念的透明性"把对"垂直玻璃宅"的讨论从现象推到本体，这是第三种对建筑空间的本体性思考。

正是这三种本体论的思考，使我们在面对这个另类的建筑时，首先放弃的是"好"（好看、好用、好玩）和"不好"（不好看、不好用、不好玩）的价值评价体系，而站在一个历史坐标上去看它的价值。我并无意夸张这个建筑能够写进建筑史，但所有能够写进建筑史的建筑无疑都有一个共同的特点，即对建筑本体性问题的敏感。遗憾的是，一方面过分的实用主义使中国当代建筑师鲜有对这个方向自觉思考的意识，另一方面批判性不足也使另外一类开始探索建筑本体问题的建筑师陷入手法主义的迷宫。当云深不知处时，张永和非常理智地跳出了此山，回到了二十一年前的他，隔岸观山，反而把问题看得透明而清澈了。他做了一个绝好的选择，不折不扣地实现了 1991 年的一张学院派式的、非常有建筑味儿的渲染图，这个行为本身就非常地超现实。而这种超现实也是张永和建筑中的一种风格。

什么是超现实？答案可以是：在现实的死胡同尽端打开了一个缺口，当从那个缺口回望现实时，还有另一种逃离的可能。"垂直玻璃宅"就是在另一个向度上的一种建筑的可能性，它既不是指在上海徐汇西岸滨江公园里的那一栋建筑，也不仅是一栋张永和设计的建筑，它是张永和送给这个时代的一种可能的类型学。

（本文节选自《垂直玻璃宅，上海，中国》，曾发表于 2017 年《世界建筑》第 10 期。）

砼器

Concrete Vessel

中国，北京

2018 年

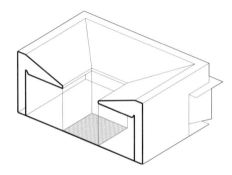

未来生活展览

砼器是非常建筑为"探索家——未来生活大展"设计的实验性住宅，该展由日本著名设计师原研哉策划。我们的合作伙伴是中国知名家用电器品牌海尔。

重构四合院

"探索家——未来生活大展"的主题是未来生活，我们由此想象一个真正拥抱自然的房子——它将拥有蓝天、清新的空气、自然采光和植物，而这些在当今都是稀缺品。与此同时，房子还要具备家庭生活所需的隐私。在我们这个四合院中，室内外空间的界限可以被完全打开，庭院实际上是在房子内部，成为建筑不可或缺的一部分。庭院四周围绕着一个连续的生活空间，在需要时可以通过滑动隔断将其分成 2 ~ 4 个房间。同时，所有必要的电器产品都以两个岛台的形式集成到建筑体系中，并将电气设备都设在地下。

会呼吸的材料

砼器的结构体系由建筑外围的钢柱和围绕中庭的悬挑屋顶、屋檐组成。建筑内外的所有表面材料，包括岛台外壳和家具，都是由回收建筑废料制成的最薄 3 毫米厚玻璃纤维混凝土（Glass Fiber Reinforced Concrete，简称 GRC）。这种超薄材料非常轻，其多孔性创造了一个在过滤空气、保持通风的同时还可透光的生活环境。

与材料方合作

这种超薄玻璃纤维混凝土材料的研发由北京宝贵石艺科技有限公司与非常建筑合作完成。

∨ 砼器入口

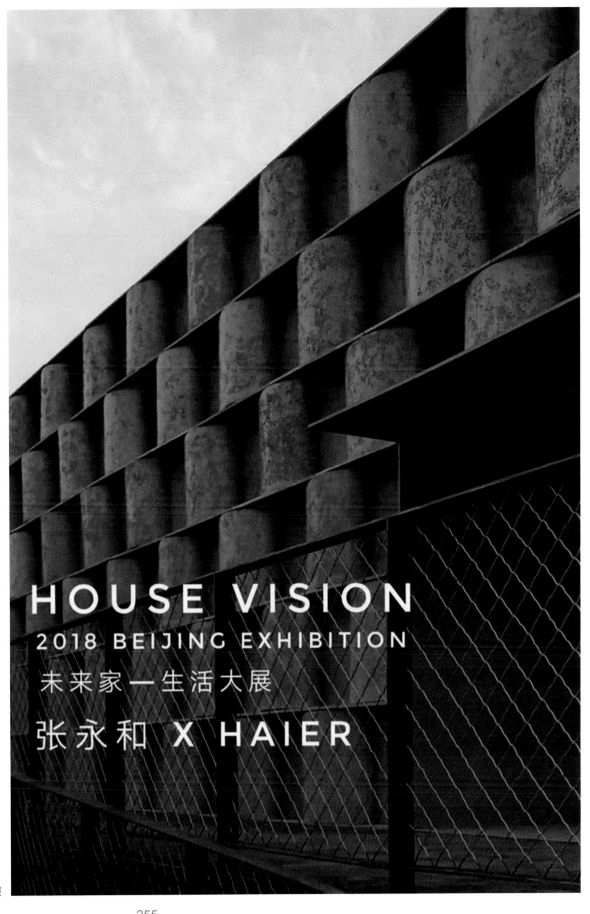

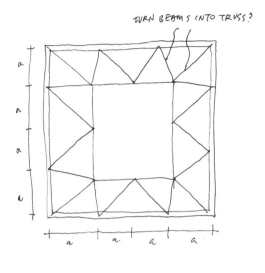

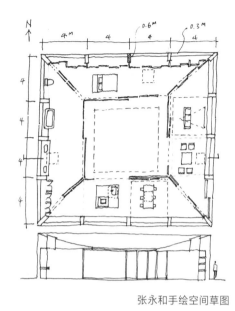

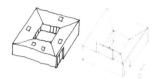

张永和手绘结构草图

张永和手绘空间草图

∨ 内部空间研究模型

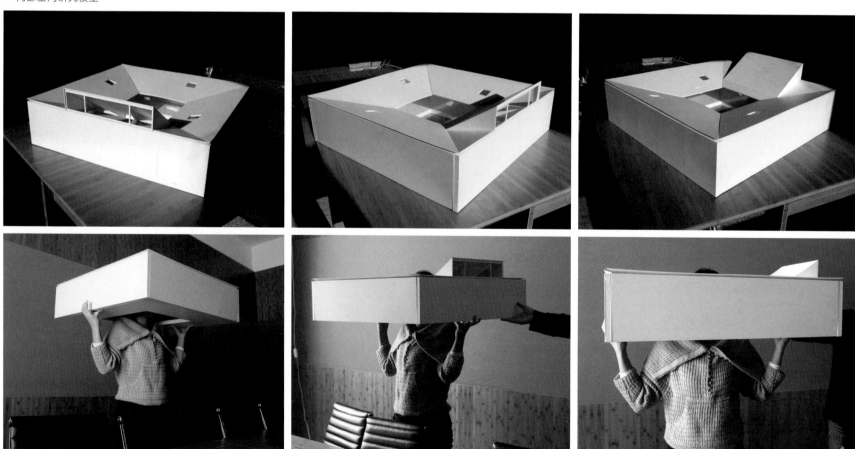

宝贵石艺用GRC制作的灯具

∨ GRC材料细部

∨ GRC板细部

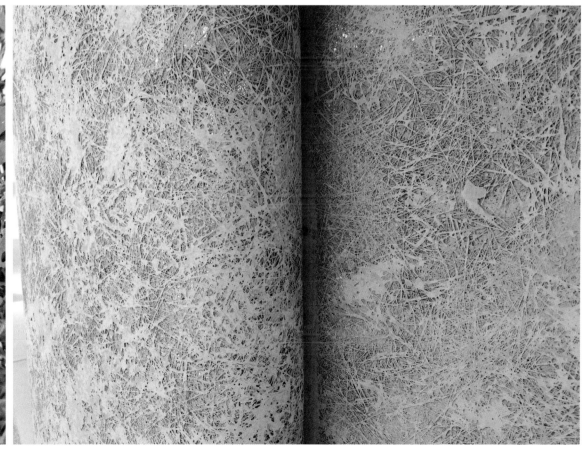

N

0 10 25 50m

总平面

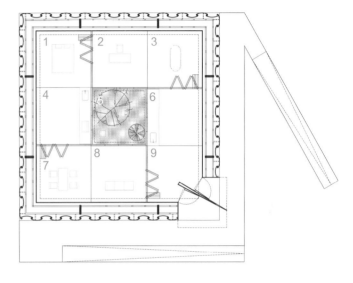

1 层平面

1 卧室
2 书房
3 浴室
4 厨房
5 庭院
6 卫生间
7 餐厅
8 起居室
9 门厅

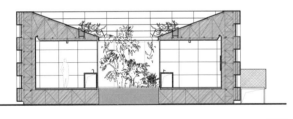

剖面

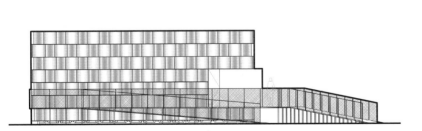

南立面

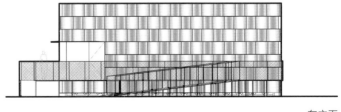

东立面

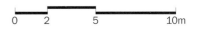

0 2 5 10m

259

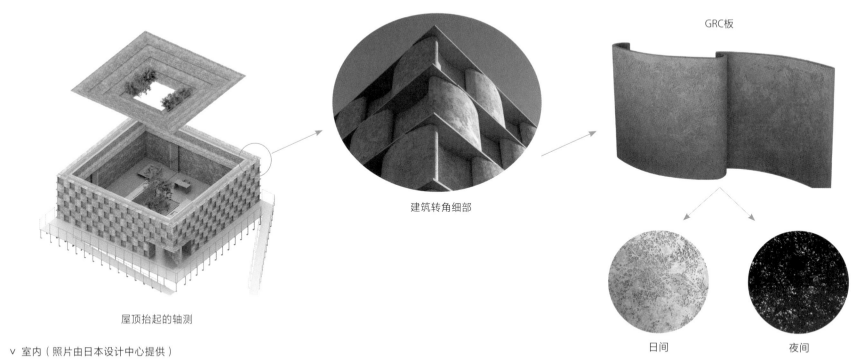

屋顶抬起的轴测

建筑转角细部

GRC板

日间　　　　　　　　夜间

∨ 室内（照片由日本设计中心提供）

空间划分可能

被电控雾化玻璃在雾化
状态下隔断围合的庭院

被电控雾化玻璃在透明
状态下隔断围合的庭院

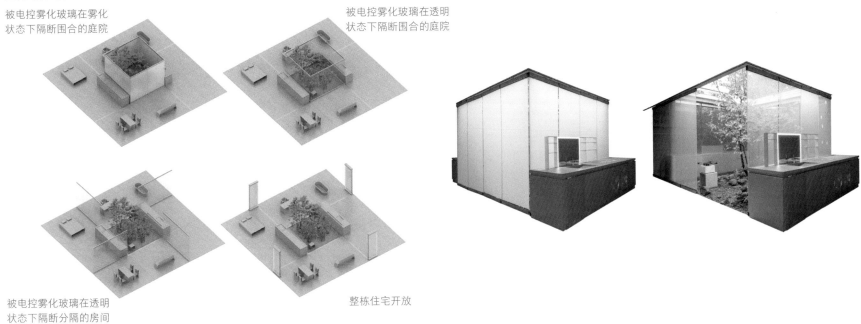

被电控雾化玻璃在透明
状态下隔断分隔的房间

整栋住宅开放

∨ 庭院中的绿植

∨ 室内外互动

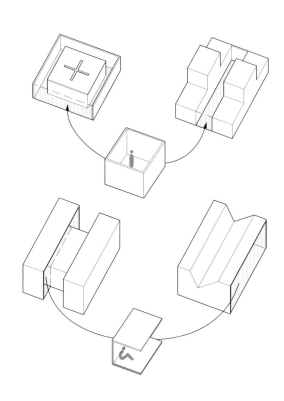

[生活方式体验]

坊宅

Four Studio-Houses

中国，浙江，宁波
2022 年

教育 / 艺术社区

宁波东钱湖的教育论坛是一个由会议中心、酒店、美术馆和住宅等设施组成的群落。由于业主从事教育事业，并爱好收藏艺术品，因此在该项目中教育与艺术并重。论坛还专门为来访的学者及艺术家建造了四栋"坊宅"，即工坊与住宅的结合，以供他们进行相对长期的研究或创作。

设计研究

四个坊宅中的三个是张永和于 20 世纪 90 年代初在没有业主和基地的情况下首次构思的，设计的焦点是如何模糊古典主义与现代主义之间的界限。这些"纸上建筑"实际上是严肃地对建筑核心问题之———空间——的研究，同时也是可建造的方案。坊宅设计的特殊背景使这组建筑成为教育论坛有关艺术研究讨论的"参与者"。

探索空间原型

可以认为这组坊宅是建筑空间概念的测试。在这些坊宅中，工作—生活的使用需求相对开放，促使我们以空间形态为主导推动设计，产生了四个空间原型，每个都具有独一无二的空间特质。空间设计也不可避免地涉及对体验进而对生活方式的想象。根据其最具特征的建筑元素，四栋坊宅被分别命名为廊廊相对宅、玻璃十字宅、来去梁上宅和翻转屋顶宅。

廊廊相对宅：设计操作想象将一个对称的体量沿中轴分为两半，向外拉开，并在之间置入水体，在其两侧的底层对应地布置敞廊。相对的两个廊下空间，横跨水面，形成该坊宅的半室外—室外生活场所。居者要穿过水院从一侧的住所抵到另一侧的书斋去工作，工作结束回归住所再次跨水而过。"过水"成为每日生活中的仪式之一。坐在廊下与对面廊下的朋友隔水交谈，是小住于此的又一乐趣，此刻廊的关系化作人的关系。

玻璃十字宅：一层的研究室以风车形布置。二层的玻璃宅被透明的"十"字形双层幕墙均分为四间同等大小的房间，其功能分别限定为起居、餐厨、休息、洗浴；同时双层幕墙的空腔将二层和一层连通起来。二层玻璃宅的空间既开敞又分割。居者沿外侧玻璃墙环绕而行，得以欣赏周边连续的水院，且可一瞥四个方位上院墙缺口中透进来的远方风景。

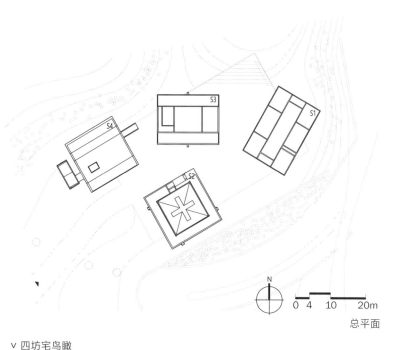

N

0 4 10 20m

总平面

来去梁上宅：一个造型艺术工坊属性的高空间，被两个内向的超大门廊夹于中间。"十"字形可走人的横梁穿过画室上空。在这栋坊宅里，创作围绕梁展开。居者可以站在梁上审视自己的创造，也可从梁上吊挂作品，或从梁上进入书房。

翻转屋顶宅：一个大空间由一个颠倒坡屋顶划分出工作和居住两个相通的部分。居者创作与生活几乎在同一空间里。在视线上，各在屋顶一侧的工作和居住区域只有有限的联系；但居者无论在哪一侧总能意识到另一侧的存在。坊宅的意义在于既分又合。

材料性

钢筋混凝土像黏土一样被用来塑造空间，通过木模板，外露的混凝土表面纹理避免了抽象化并获得了物质性表现。

∨ 四坊宅鸟瞰

玻璃十字宅

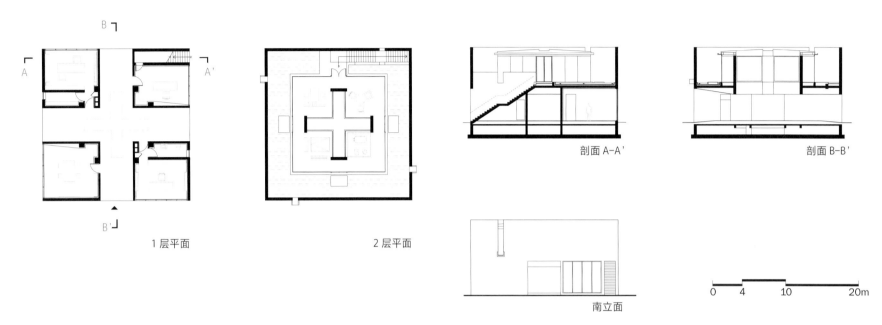

1 层平面

2 层平面

剖面 A-A'

剖面 B-B'

南立面

0　4　　10　　　20m

∨ 玻璃十字宅东北立面，右边为二层入口

∧ 二层玻璃宅的承重墙从玻璃幕墙围合面推进来，形成有水院环绕的房间之间的过渡

∧ 二楼出入口

< 二层由十字空腔玻璃幕墙隔开的四间房间

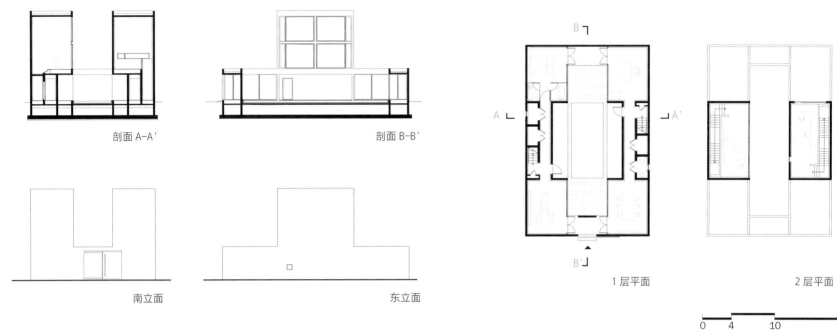

剖面 A-A'   剖面 B-B'

南立面   东立面

1层平面   2层平面

0   4   10   20m

∨ 廊廊相对宅入口

> 生活侧

<工作侧

∨ 工作侧二层的书房
∨ 从工作侧一层看水院及对面厨房

∨ 生活侧二层的起居空间
∨ 生活侧一层厨房

来去梁上宅

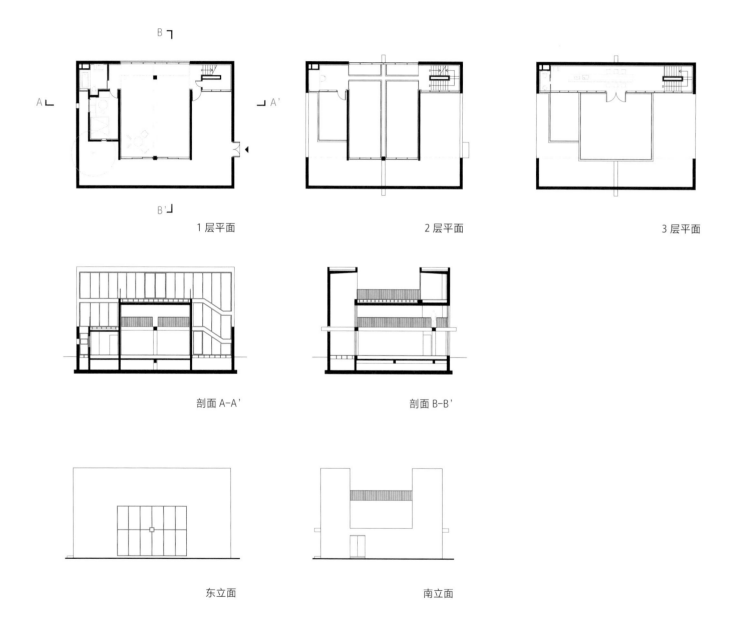

1 层平面   2 层平面   3 层平面

剖面 A-A'   剖面 B-B'

东立面   南立面

0   4   10   20m

< 从边院看楼梯间

穿出玻璃幕墙的梁

∨ 贯穿建筑和门廊的梁

∨ 从廊下看工作室室内

三层的厨房和餐厅

∨ 从东侧看来去梁上宅

翻转屋顶宅

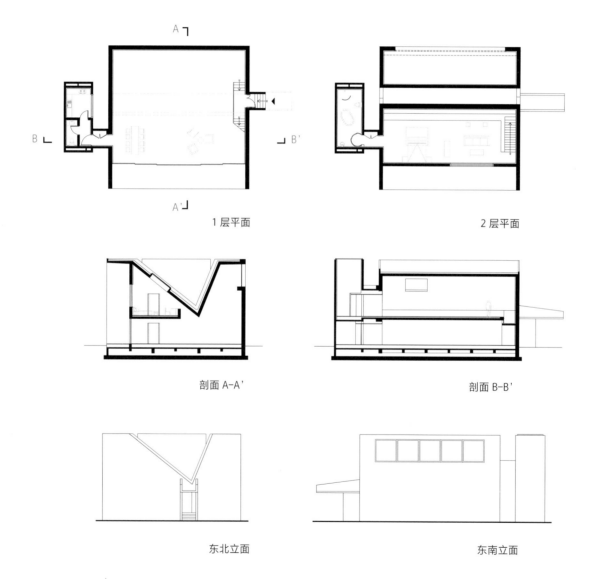

1 层平面

2 层平面

剖面 A-A'

剖面 B-B'

东北立面

东南立面

0   4   10   20m

门檐是个放大的水舌

∨ 翻转屋顶宅的前廊

< 一层开放的工作空间

> 二层的起居空间

卫生间

[山水体验]

山语间
Villa Mountain Dialogue

中国，北京

1998 年

山中的微城市

这座乡间别墅的设计初衷，是希望尽可能地减少对现有梯田的打扰，同时最大限度地与周围景观融为一体。最初的想法是一个由钢框架支撑的单坡屋顶"悬浮"在基地上，形成对被改造为梯田的山坡的写意重建。在屋顶下，城市性的概念被转译为室内景观，连续的生活空间被厚墙体（可看作微型建筑）划分成几个区域，与路易斯·康的"城市即住宅"相呼应。与此同时，户外的自然风光通过四面的玻璃界面被引入室内。三个阁楼客房突出屋顶，隐约透露出内部空间的流通，像坐落在坡屋顶上的三个微型住宅。看到落成的房子，业主给它起了一个诗意的名字——山语间，意为与山对话的地方。

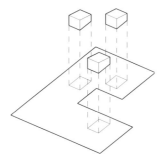

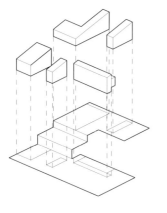

建筑屋顶的坡度与地形的坡度一致

∨ 环绕山语间的群山

> 山语间南面

286

N

0 10 25   50m

总平面

∨ 西北侧

∨ 南侧

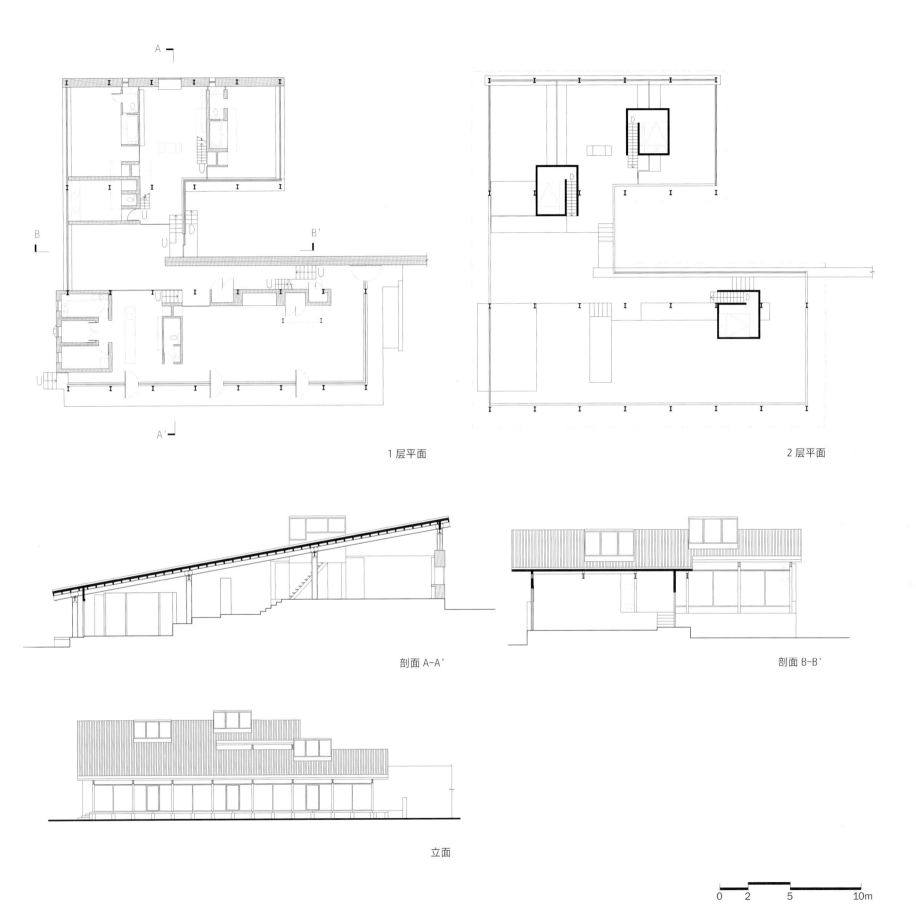

1层平面　　　　　　　　　　　　　2层平面

剖面 A-A'　　　　　　　　　　　　剖面 B-B'

立面

0　2　5　　10m

∨ 南侧夜景

通往阁楼客房的梯子

阁楼客房内

从阁楼客房望出去

 东侧

卧室门

∨ 石墙细部

∨ 卧室内景

二分宅
Split House

中国，北京
2002 年

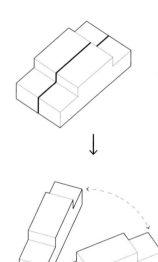

山林中的四合院

二分宅位于北京郊区的一条山谷中，是"长城脚下的公社"的 11 座别墅之一。试想，如果将传统的四合院从高密度的城市环境移植到开放的自然景观中会发生什么？我们发现，院子从城市中被建筑四面围合变为被自然和建筑环绕。因此，"二分"既指由两翼组成的房子，也指半边房子加半边山坡形成的院落。与此同时，设计还保留了基地上所有的树木，最终使建筑与环境更加融合。

当代土木结构

我们的另一个设计目标是使用对生态环境影响较小的材料，以便建筑在不再需要时能够充分分解。二分宅延续中国以土木为主要建筑材料的传统，以胶合木作为结构框架，采用夯土墙以获得良好的保温隔热效果。同时，在使用者较少的情况下，二分宅也可以仅开放一翼，以节省运行和维护的费用。

灵活的原型

这个设计是一个灵活的原型，可以根据基地条件而改变。二分宅两翼之间的角度并不是固定的，可以随着不同的地形、地势而调整，在 0°~360° 之间任意变化，可出现"一字宅""平行宅""直角宅"等形式。

COMMENTS 评论

朱竞翔
香港中文大学建筑学院副教授

二分房子的力量何在？观察场地，人们不难发现力量来自树木，源于溪流。树能冲出地表，水能劈开山体，为什么不可以二分建筑呢？被大地切分的房舍限定了院落，这一生成方法与传统民居中通过单体复制组合得到的庭院极为不同。二分宅的院落虽也内向宜人，却更生机勃勃，浑然天成。

夯土山墙型制来自民居传统。轻木框架看似传统，实则来自北美，来自现代，皆因其材料供给的标准化以及木结构性能的可计算性和可预测性。这个"土宅"鲜明地反对了当时流行的图像化、符号化传统民居的潮流，也恰巧提供了设计师值得投身的三重修炼：手工、工程与组织。

它通过使用铰链般的机制产生形态的变化，可以适应不确定的场地。可以变化的是地形与合院转角，不变的则是空间系统及其内部功能组织。这一空间系统有能力结合其他结构与材料。它来源于设计者在东方的生活经验，重组于现代设计方法，以独立住宅成形于山水间。

（本文节选自《二分宅，北京，中国》，曾发表于 2017 年《世界建筑》第 10 期。）

> 二分宅两翼拥抱基地上原有树木

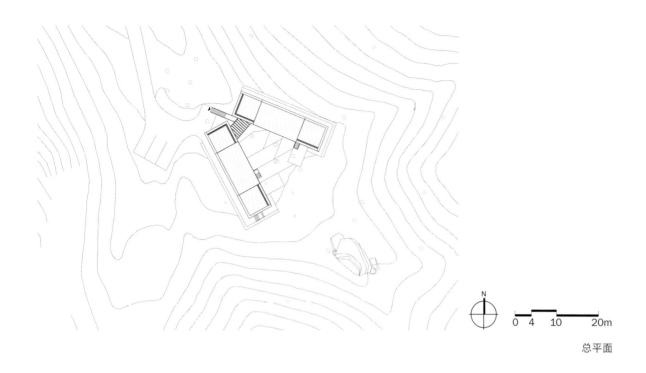

总平面

∨ 原型可变示意

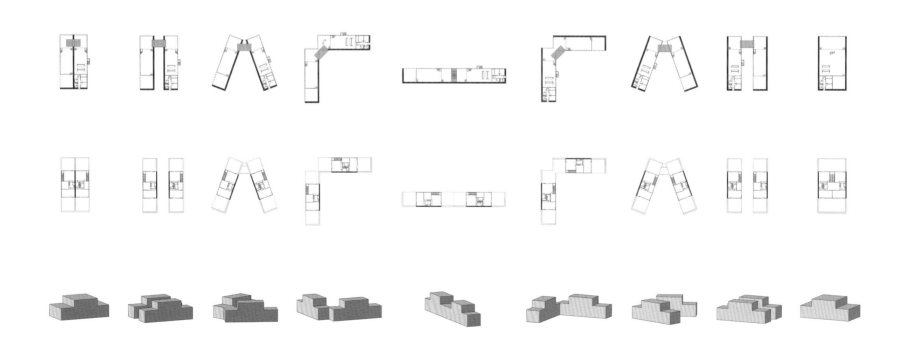

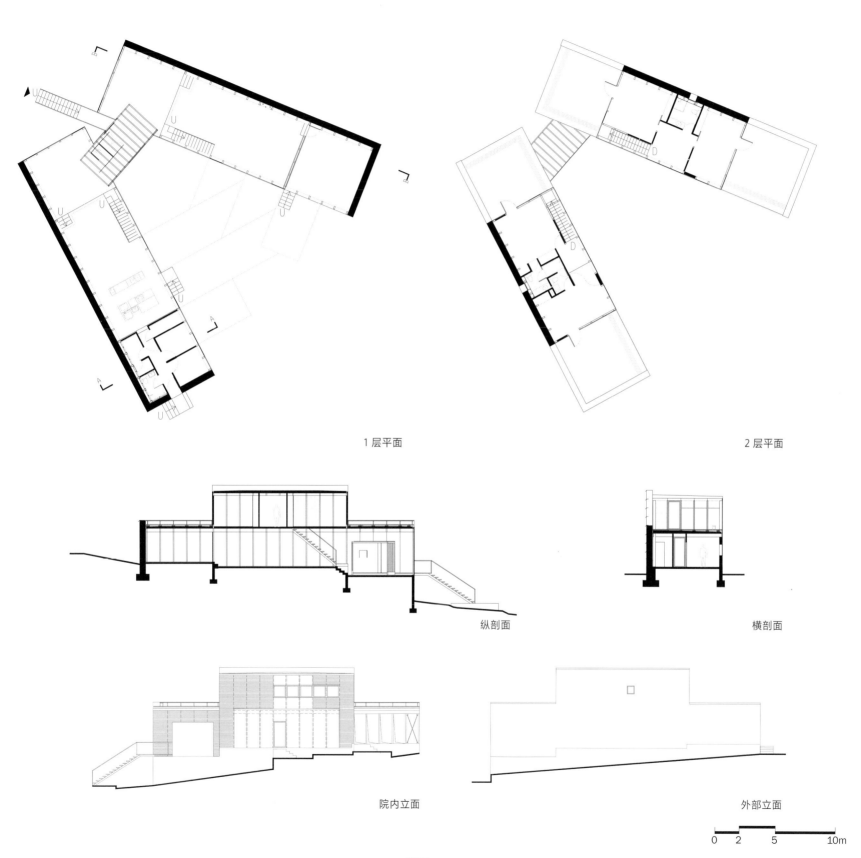

1 层平面

2 层平面

纵剖面

横剖面

院内立面

外部立面

0　2　5　10m

建造过程

∨ 夯土墙

299

餐厅旁边的休息区

∨ 前门内

∨ 前厅

席殊书屋
Xishu Bookstore

中国，北京
1996 年

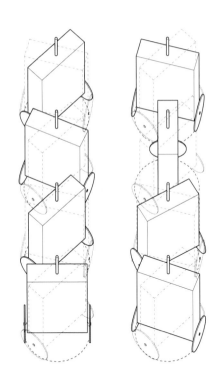

基地 + 历史

书店的基地位于 20 世纪 50 年代建成的某办公楼内的一个底层空间。这里原本是一个南北贯穿的通道，见证了自行车的穿行和停放。后来通道被封闭，供隔壁的图书馆存放书籍。能否在我们的设计中体现基地功能变换的历史？甚至，将空间中过去的功能——交通，与即将发生的功能——书店，重叠在一起？

概念艺术 + 装置艺术

以上述观察为设计指导思想，又受到观念艺术和装置艺术，特别是马塞尔·杜尚（Marcel Duchamp）的思想和作品的启发。我们将书架与自行车当作"现成品"进行"拼贴"，其结果是"书车"——一个装有自行车轮、能旋转的书架。四组共八个书车，构成了书店设计的核心。

扩展空间 + 灵活空间

我们利用空间层高增设了夹层。书车以支撑夹层的圆形钢柱为轴旋转。每个书车为一组背靠背的双层书架，与原建筑的墙体厚度相同。这样一来，书店的工作人员可以任意转动这些书车，改变其位置以获得店内空间的变化。

钢结构的置入

夹层作为一个独立的钢框架结构的建筑插入原有的承重墙结构的建筑。书车及其他靠墙的书架均为钢制。

一个既短暂又不短暂的项目

这个书店是非常建筑接受的第一个委托设计项目。书店于 1996 年开始营业，2000 年被拆除，共存续了四年。这个空间最终被恢复为通道，作为交通工具的自行车取代书车又重新回到这里。

∨ 场地曾经是一条过道，里面停放着自行车

> 席殊书屋入口，以书车为门

本来无一物

——追忆作为思想基因的席殊书屋

| 周榕
建筑与城市研究学者
清华大学建筑学院副教授

在任何一个学科生态中，从思想基因层面影响甚至改变整个生态系统演化进程的历史机遇都颇为罕见。而 1996 年由张永和设计的席殊书屋，就历史性地承担了为中国当代建筑提供"重启型"思想基因的生态革新使命。

20 世纪 90 年代中期，正值中国社会被"第二次改革开放"浪潮席卷、激荡，中国建筑界人心思变，却苦于找不到新思维与新方法工具的转折当口，席殊书屋这一不足 100 平方米"违章建筑"的设计建成，立刻对中国当代建筑产生了"核爆级"的观念冲击力。

要理解席殊书屋独特的历史贡献，就必须将其放置回 30 年前中国建筑那个特定的时代语境中去——席殊书屋诞生之日，正值"中国式后现代主义"大行其道之时。所谓"中国式后现代主义"，实质上是打着"后现代"旗号的现代折中主义和庸俗手法主义。彼时耽湎于"后现代"浅表符号游戏的中国建筑界，长期以来缺乏将建筑问题推进到本体层面思考与讨论的内生型原动力。此时席殊书屋的横空出世，无疑具有不可估量的启蒙价值。

作为张永和第一个真正意义上的建成作品，席殊书屋堪称一部集中展现其世界观和建筑思想的空间教科书。简要说来，张永和的世界观是后现代的——纠缠于多元、富集、矛盾、复杂的跨界欲望与混搭趣味；而他的建筑思维却遵循苛刻到近乎原教旨的现代性乌托邦信条——纯化的虚构本体、一元的价值体系、抽象的视觉形式、自洽的逻辑推演、致密的整体构造。世界观与方法论之间的

本原性结构冲突，造成了张永和作品的"起因"部分往往颇具吸引大众、促进认知的通俗趣味，富有先天的传播力和消费性，而其作品的"成果"则无一例外贯彻了精英主义的枯燥，透露出反传播、反消费式的傲慢。张氏设计布局于阐释与操作之间的巨大反差空间及工作领地，对于 20 世纪 90 年代思想和形式供给双重匮乏的中国建筑界，具有致命的杀伤力和难以抗拒的吸引力。对此，席殊书屋做出了最为直观而生动的垂范。

今天看来，席殊书屋最大的功绩，是提升了中国当代建筑的认知分辨率和思想复杂度：从席殊书屋中，有人学到了将建筑视为城市的分维拟态，有人学到了旋转书车的空间可能性，有人看见了还原为极简抽象体量的建筑"本体"，有人看见了被玻璃楼板和朴拙节点直推到眼前的建筑"表皮"，还有人在此悟到了传播的价值、禁欲的趣味、秩序的控制、句法的呈递……如是种种。4 年后，席殊书屋被拆除，回归为原有的消防通道，书屋中曾被瞥见的"凡所有相"，一时皆成虚妄。而 20 年后，被席殊书屋启发、激励、改变的几代建筑学人，聚集在那个通道前，为它挂上了一面原址纪念牌，在那个时刻，或许有人隐约感受到，所谓的"思想基因"，的确有一种超越时间的底层力量。

（本文节选自《席殊书屋，北京，中国》，曾发表于 2017 年《世界建筑》第 10 期。）

席殊书屋与胡同场景的拼贴画，张永和作

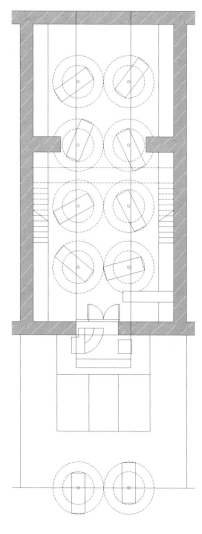

1 层平面

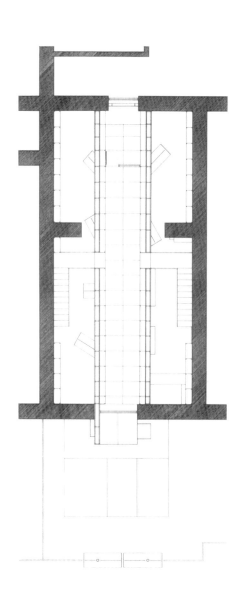

夹层平面

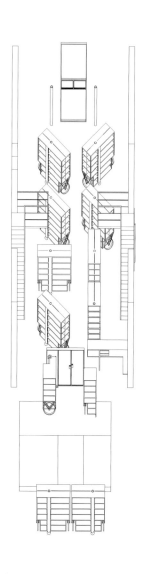

轴测

0 1 2   5m

>1, 2 书屋内景   1 | 2

< 1 室内摆放着非常建筑设计的椅子
< 2 室内位置各异的书车

书车

∨ 夹层

[运动体验]

城市骑行服
Urban Cycling Wear
2014 年

用骑行服定义城市性

近几十年来，人们对体育运动的热爱深刻影响着城市文化，尤其是在服装和运动装备方面。我们也享受并提倡积极的生活方式，特别是骑自行车，因为它既健康又环保。

我们的骑行服设计将传统骑马装与现代骑行服相结合，使优雅与动感并存，让城市骑行别具一格。我们尤其关注设计细节，如可容纳手机的口袋和包括背包在内的配件，从而进一步促进当代的城市骑行生活。

∨ 2014年北京"大声展"上的城市骑行服装置

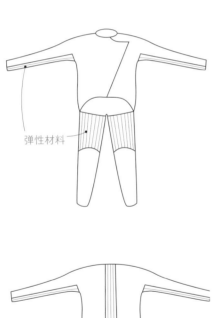

弹性材料

∨ 在"大声展"开幕式上，非常建筑的建筑师们和展览组织团队成员穿着城市骑行服进行了展示

褶皱裙+短裤

T恤+披风

连衣裙+帽衫

男士骑行外套

女士骑行外套
不对称下摆便于上下自行车

骑行裤的弹性部分

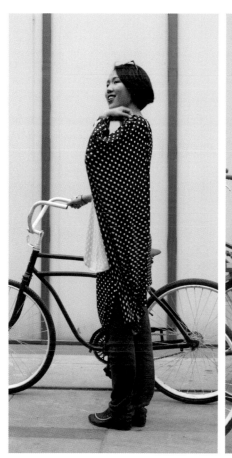

[运动体验]

单车环
Bike Ring

中国，福建，厦门
深化设计

单车城中的单车楼

该项目位于厦门的马銮湾海滨。厦门有意发展一个绕城高架自行车道网络。在了解这个宏伟计划之前，非常建筑就已经开始构想一个满场可以骑车的商业综合体。我们从几十年前就开始对自行车建筑的可行性进行研究和设计。客户希望在这个商业综合体里融入极限运动，于是我们就提出了从入口到屋顶设置骑行流线的建议。后来我们得知，厦门市政府不仅有一个高架自行车道的总体规划，而且已经修建了一段，还受到了市民的强烈喜爱。这让我们意识到，我们提出的骑行购物中心可以成为城市基础建设中的一部分。

骑行建筑的空间结构

该建筑采用两个相互缠绕的螺旋形式：其中一个螺旋坡道上设有一家以自行车为主题的室内"超级店"；另一个户外坡道上分布着小型专卖店，以及酒吧、咖啡馆和餐馆等，像一条向上延伸的街道。这两个螺旋坡道在三个位置由桥连接，这样行人可以选择走近道，骑行的人也可以一路不停地从一个螺旋坡道上去，再从另一个螺旋坡道下来。建筑的入口与城市自行车高架道直接连通。人们可以在两个坡道沿途找到很多自行车停放点，室内室外的都有。在屋顶上，设备间的表面将做两个背对背的标识牌，上面各有一个英文单词，两字连在一起是 BIKE AMOY（骑行厦门）。

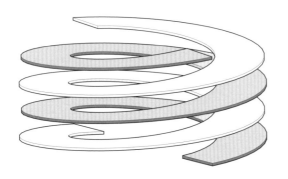

∨ 已建成的架空自行车道

> 单车环与架空自行车道相连

8 单元自行车公寓楼的概念设计

模型

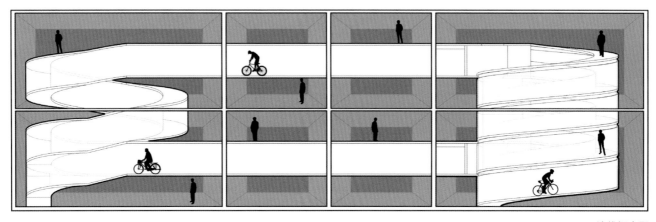

流线概念图

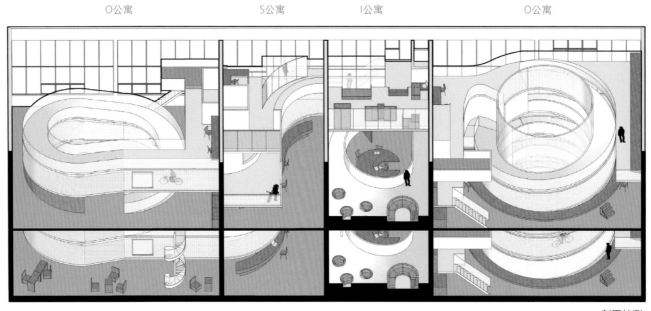

剖面轴测

独栋自行车宅

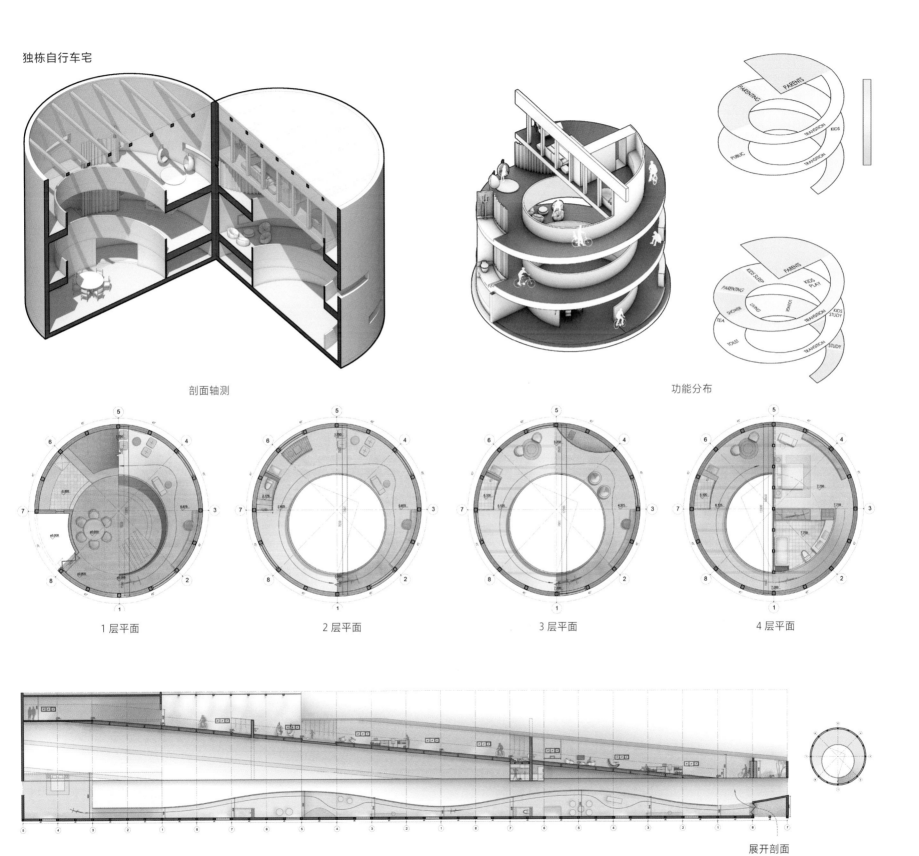

剖面轴测

功能分布

1 层平面

2 层平面

3 层平面

4 层平面

展开剖面

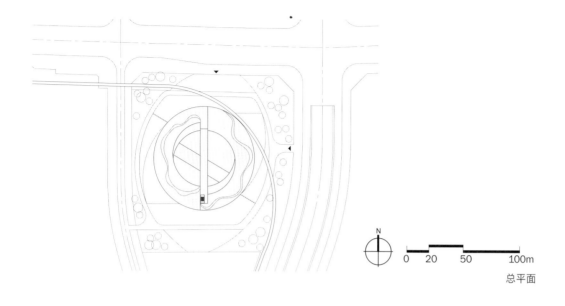

N

0 20   50   100m

总平面

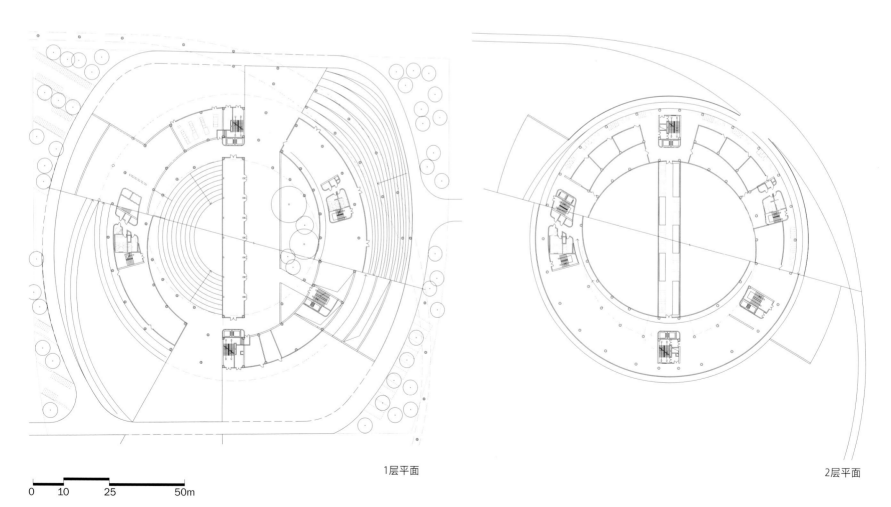

1层平面

2层平面

0   10   25   50m

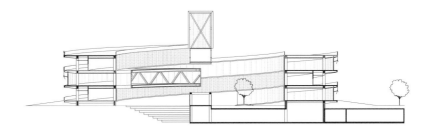

剖面

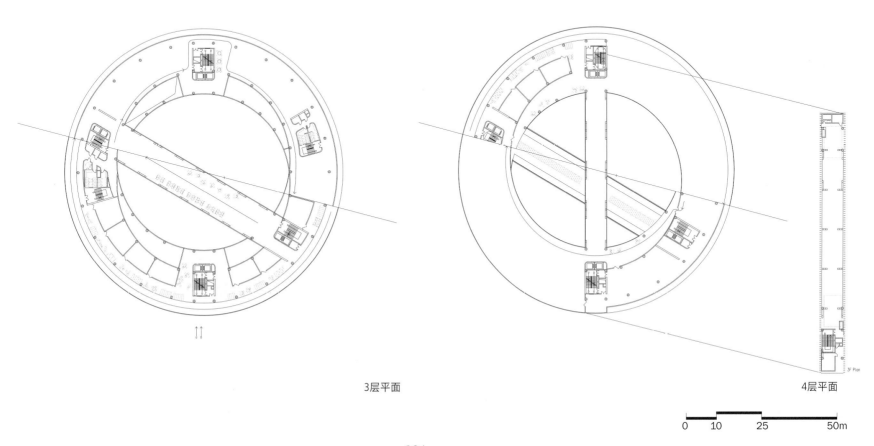

3层平面

4层平面

0   10   25   50m

1
———
2

< 1 旗舰店室内
< 2 沿坡街开设的店铺

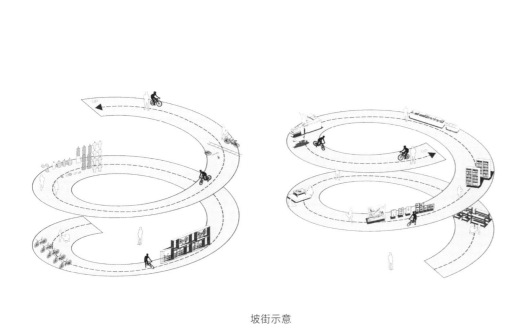

坡街示意

剖面透视

∨ 从架空自行车道骑到单车环

[故事体验]

远洋艺术中心
Ocean Art Center

中国，北京
2001 年

为了保留而切割

远洋艺术中心是某房地产开发项目的一部分，由北京东四环路一侧基地上的纺织厂改建而成。决定保留原有的二层厂房说明了业主对工业建筑特有质量的认可。因此，我们试图在设计中突出并进一步发展原有工业建筑的空间秩序和结构逻辑。

由于特定的场地规划，想要挽救原建筑免于拆除的唯一办法是将原厂房切掉三跨。然而，水钻机切割后留下的痕迹变为剖面的细部，这一建筑生命周期中的特殊阶段也因此被记录下来。同时，在原有的大跨度钢筋混凝土框架内填入新的玻璃幕墙。室内最大限度地保留了原有的开放空间。在建筑北侧，建筑内部的空间秩序延伸出去，形成庭院。改建后，建筑的一层用作售楼处；二层作为艺术中心，为展览、电影、演出等多种当代艺术活动提供场所。

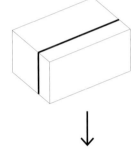

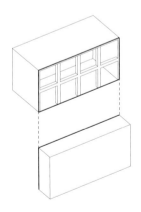

∨ 改造前
∨ U形玻璃立面细部

水钻机切割后留下的痕迹

演出进行中

∨ 艺术中心内景

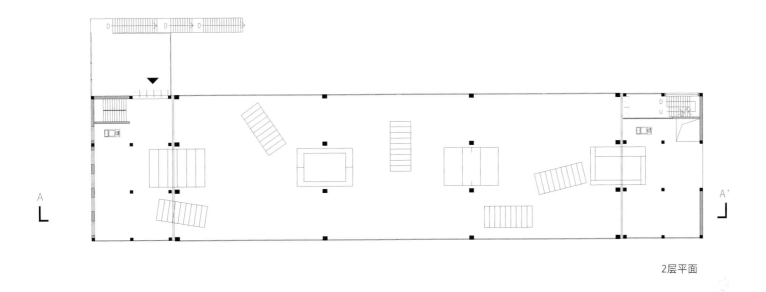

2层平面

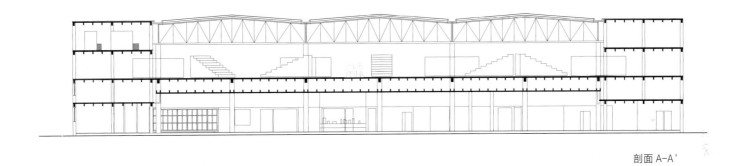

剖面 A-A'

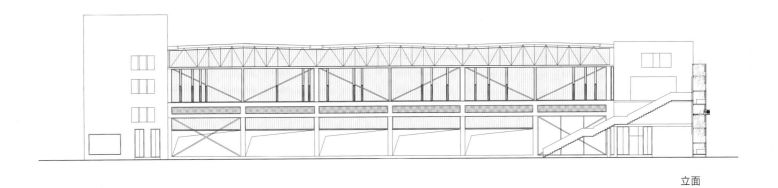

立面

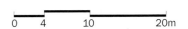

0   4   10   20m

[故事体验]
上海企业联合馆
Shanghai Corporate Pavilion

中国，上海
2010 年上海世博会

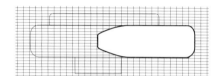

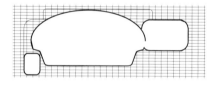

科技探索

至 2010 年，人类经历了很长一段时间的高速技术发展，建筑内部大量的技术组件已经成为建筑的基本元素。我们希望把对观察到的这一现象的理解应用到世博会上海企业联合馆的设计中去：馆内自由、流动的空间不是由静态的墙围合而成的，而是由更密集的技术网络立方体包裹而成的。在这个技术网络立方体中，喷雾系统与 LED 灯可以依照电脑程序控制，不断改变建筑的外观。

能源策略

我们还希望通过技术来探究和解决日益严峻的能源和可持续发展问题，比如，在建筑设备系统中设置太阳能和雨水的采集装置，以及外围立面材料采用再生聚碳酸酯塑料（PC）。

三项环保措施

太阳能热水发电系统：上海企业联合馆在屋顶上布置了 1600 平方米的太阳能集热屏，收集的太阳能可以产生温度高达 95℃ 的热水，再利用超低温发电技术将热能转化为电能。

再生塑料：据不完全统计，上海当时每年产生近 3000 万张废旧光盘，但只有 25% 得到了回收利用。如果将这些光盘回收、清洗，可以再生成 PC 颗粒，并用于制造新的塑料制品。展馆的外立面便是用 PC 透明塑料管创造出的梦幻般的矩阵。世博会结束后，这些塑料管将会再次进入再生循环体系中。

水 / 雾系统：上海企业联合馆场地范围内的雨水经过回收、沉淀、过滤和储存等技术处理之后，可用作场馆内的日常用水，更可以为喷雾系统提供水源。喷雾系统能够降低局部环境温度、净化空气，营造舒适的空间小气候。

> 由PC管装LED灯构成的厚表皮

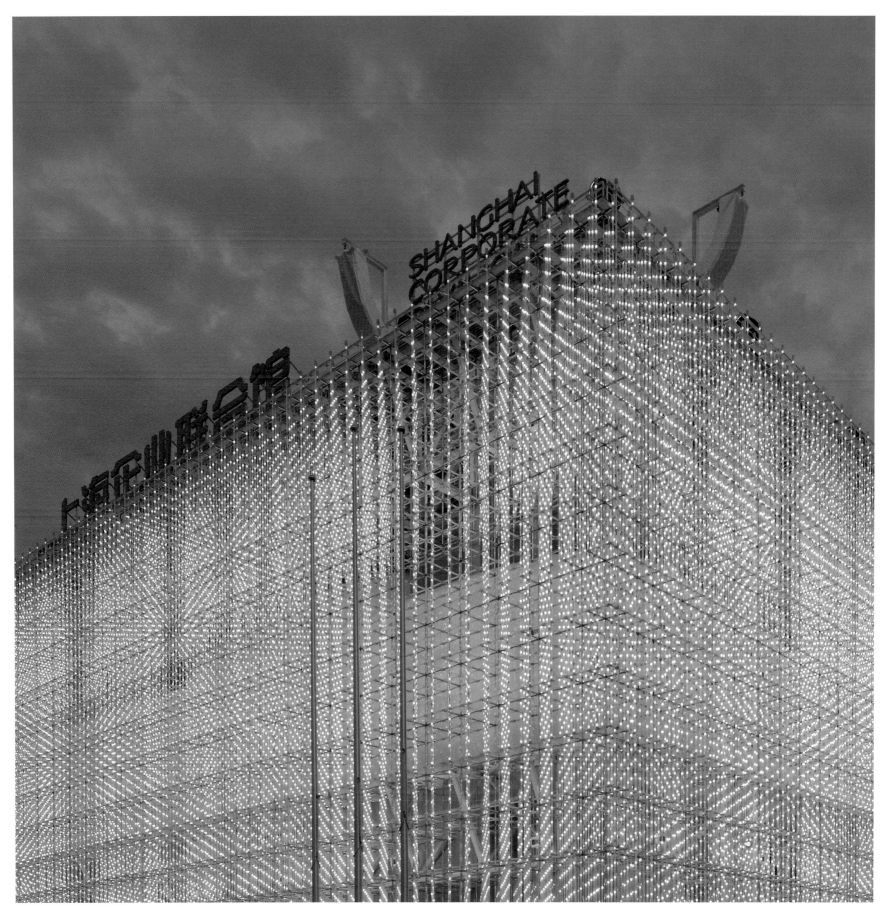

329

图像设计过程分析

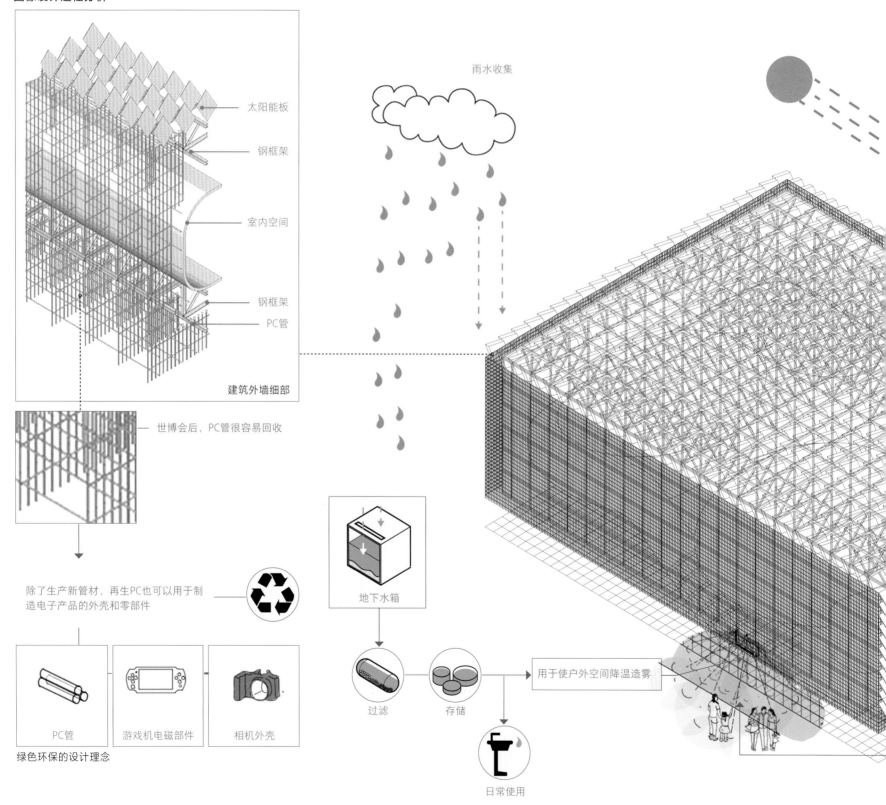

太阳能板

钢框架

室内空间

钢框架

PC管

建筑外墙细部

—— 世博会后，PC管很容易回收

除了生产新管材，再生PC也可以用于制造电子产品的外壳和零部件

PC管

游戏机电磁部件

相机外壳

绿色环保的设计理念

雨水收集

地下水箱

过滤

存储

用于使户外空间降温造雾

日常使用

采集太阳能

设计构思过程

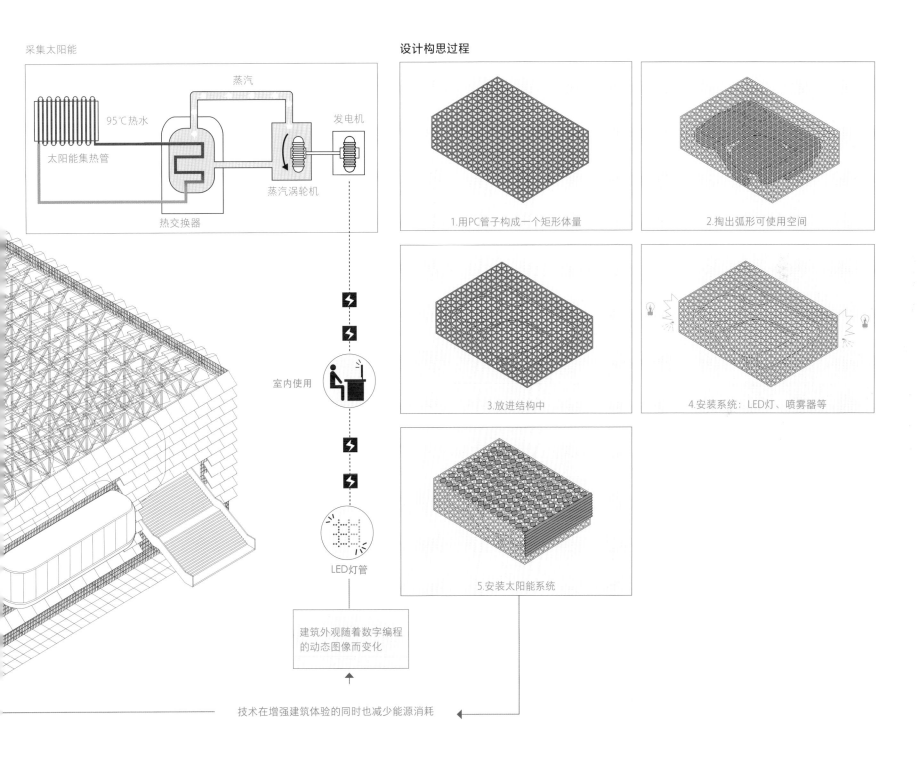

蒸汽

95℃热水

发电机

太阳能集热管

蒸汽涡轮机

热交换器

室内使用

LED灯管

1.用PC管子构成一个矩形体量

2.掏出弧形可使用空间

3.放进结构中

4.安装系统：LED灯、喷雾器等

5.安装太阳能系统

建筑外观随着数字编程
的动态图像而变化

技术在增强建筑体验的同时也减少能源消耗

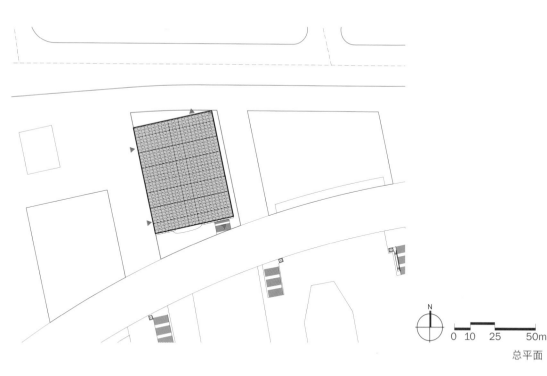

N
0 10 25 50m
总平面

∨ 展厅及剧场入口

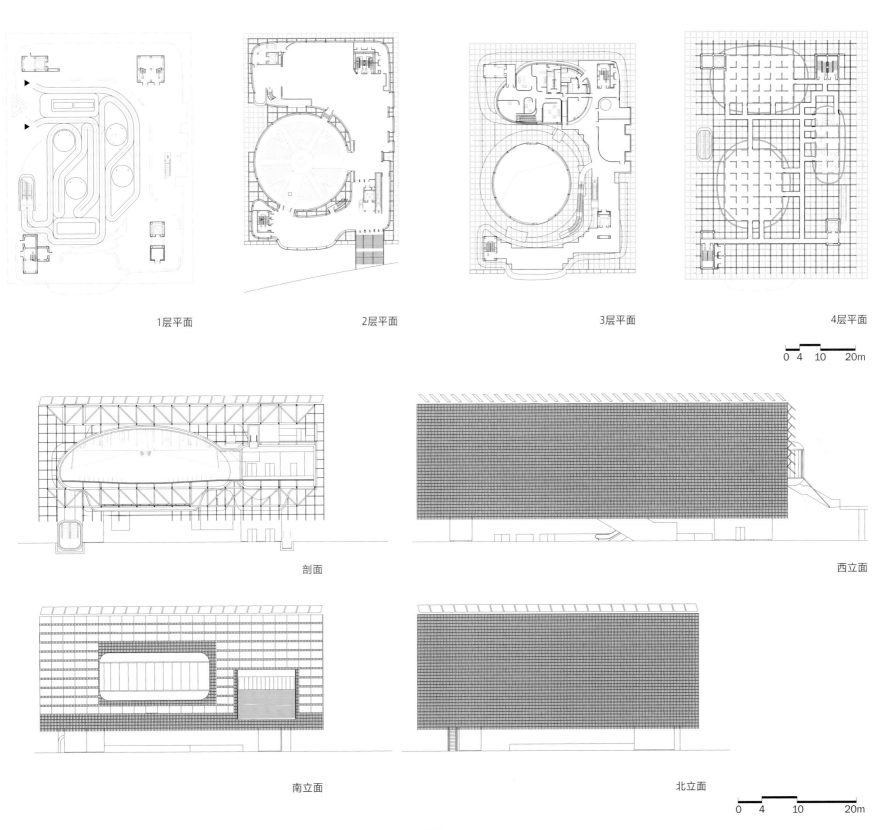

1层平面   2层平面   3层平面   4层平面

0 4 10 20m

剖面   西立面

南立面   北立面

0 4 10 20m

∨ 白天的西立面
∨ 黄昏的西立面

PC 管中的 LED 灯

涂有颜色代码的设备管道

∨ 贵宾休息厅

∨ 礼品店

[故事体验]
微型舞台
Micro Stages
2012 年

可以穿戴的建筑

在本设计中，首饰成了可以穿戴的微型建筑，更确切地说，是微型舞台。这些银质小盒子受到京剧简单而又具有仪式感的舞台布景以及建筑剖面的启发，在敞开的一侧内，通过微型的小家具描绘了不同的生活场景。这些小盒子可以作为指环、耳环、吊坠、胸针或别针佩戴。

∨ "旅馆" 项链

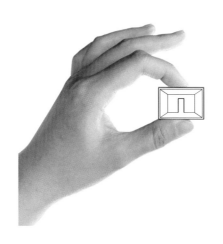

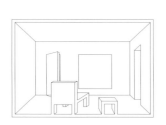

原大的平面、立面和剖面

餐厅，"后窗系列"胸针

"京剧系列"吊坠

"京剧系列"胸针

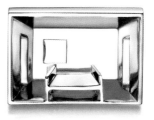

卧室，"后窗系列"胸针

"老宅系列"戒指

"京剧系列"戒指

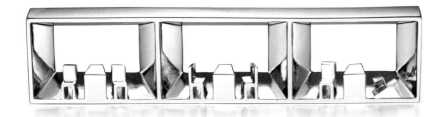

"Pina 系列"胸针

"后窗系列"胸针

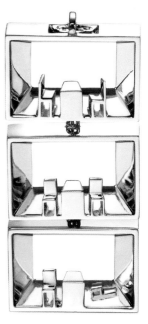

"Pina 系列"吊坠

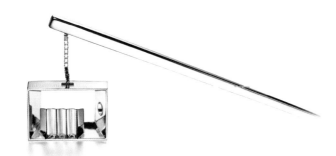

折叠屏风，"老宅系列"发簪

"Pina 系列"耳环

[故事体验]

《绘本非常建筑》

Graphic FCJZ

2014 年

一个观察

我们的世界正在变得越来越视觉化。除了受到各种媒体上或静态或动态的图像轰炸之外，我们还见证了绘本小说作为一种严肃的文学和艺术形式的复兴。建筑师受到过视觉表达方面的训练，善于吸收和理解图像信息。因此，今天的建筑师专著如果只用少量文字，有点儿像绘本，似乎很自然。

一页图像故事讲述一个项目

本书呈现了非常建筑的 31 个项目，每个项目的第一页都以图像的形式对基地条件、构思和概念、设计过程、建造与技术、设计参考等进行了描述。其中还有一条虚构的人物线索贯穿于视觉叙述之中，提醒读者设计从来不只是通过线性的、理性的方式展开。

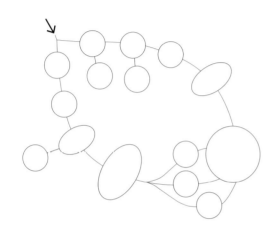

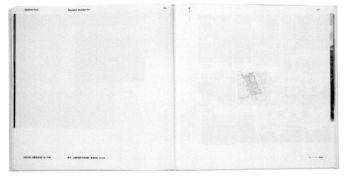

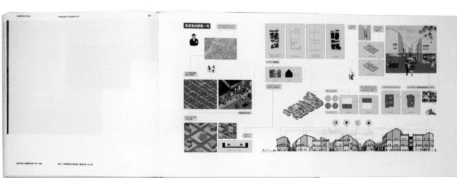

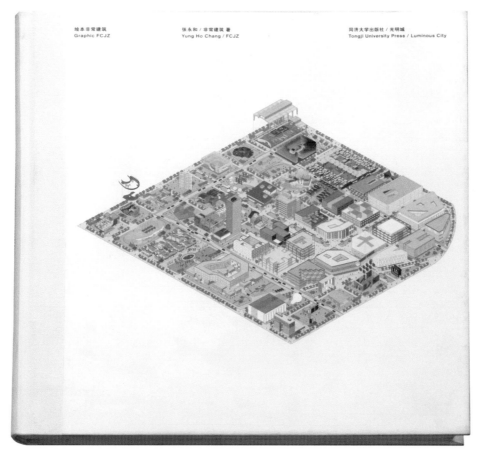

封面

苹果售楼处 / 美术馆项目在绘本中的图像设计说明

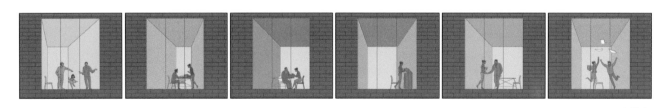

会议室

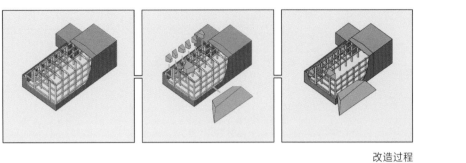

改造过程

∨ 绘本中完整的图像叙述

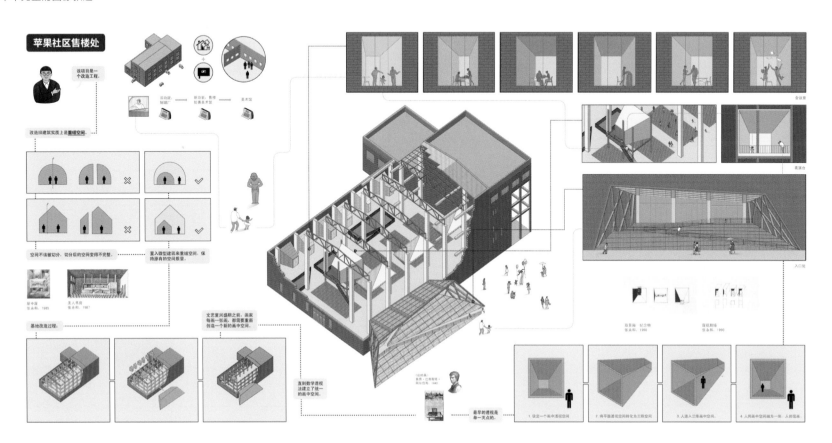

柿子林别墅项目在绘本中的图像设计说明

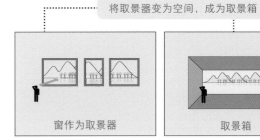
将取景器变为空间，成为取景箱

人在室外能看到全景　取景器　窗作为取景器　取景箱

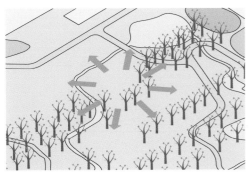

9个取景箱框出不同的景物

∨ 绘本中完整的图像叙述

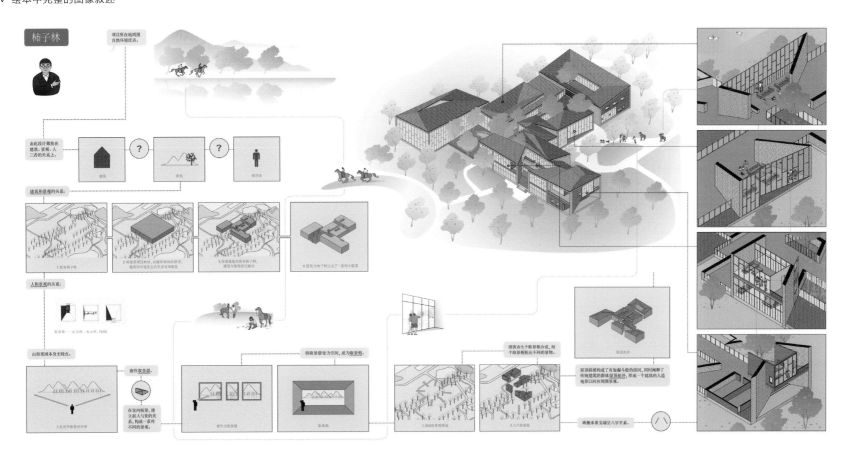

[故事体验]
《小侦探》
Little Detective
2015 年

遗失的记忆

张永和的建筑师生涯与对艺术的热爱总是紧密地交织在一起。但这本书是他的一个"周末艺术项目"。在他的童年时代，他的父亲为他和哥哥编了一个故事；带着少许记忆，他试图以绘本的形式重新塑造其中的主人公——小侦探。

故事再现

本书一共分为四个小册子，以不同的方式从不同的角度讲小侦探的故事，"绘本"通过墨线画和短注释讲述了小侦探如何两次破案（可以说完全是靠运气）；"文本"用中英双语讲述了小侦探和老侦探相遇的故事；"翻本"描绘了小侦探运动中的形象，可以作为速写本使用；"彩本"包含了一系列水彩肖像，其中所有的人物都出现在"绘本"和"文本"中。

装帧设计也在讲故事

平面设计师马仕睿希望在这套书的装帧设计上概念性地重述书籍装帧的历史。

∨ "绘本"

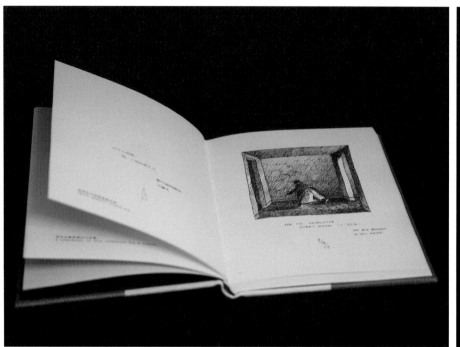

∨ "彩本"

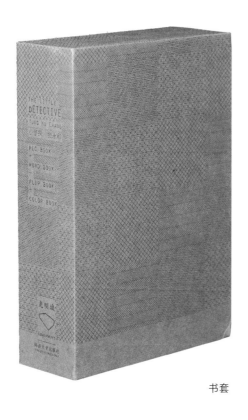

书套

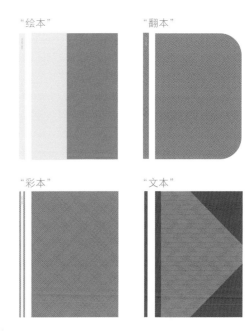

"绘本"　　"翻本"

"彩本"　　"文本"

封面与装订形式

∨ "翻本"

∨ "文本"

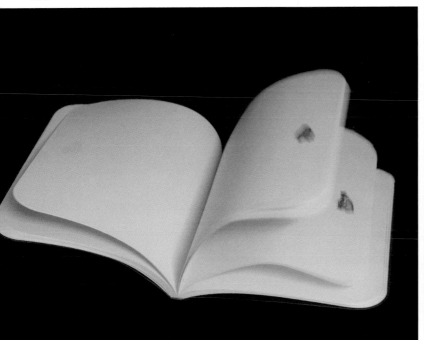

小侦探

姑姑

摄影师

老侦探

小侦探

小侦探

RECONSIDER L.D.'S IMAGE......

8/10/13

FOR LIL. DETECTIVE,
EVERY ROOM IS BIG.

NOT BIG ENOUGH
IN THIS DRWG.

3/18/13

THE "PIPE" IS BACK ON THE WALL.
A TRIBUTE TO MAGRITTE (AND DE CHIRICO).

7/27/13

1. SIT 2. BASKET 3. NO NAME 4. HAMMOCK 5. MEDITATION
6. PLAY 7. PEEP 8. PAVILION 9. LAUNDRY 10. BIRD GAGE
11. HOUSE 12. STORAGE 13. CURTAIN 14. TUB 15. SMOKE 16. SLEEP

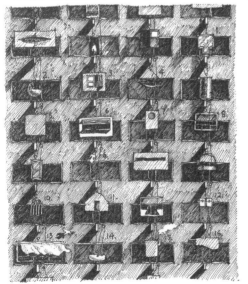

LIL. O'S APT. BLOCK S. ELEV.

4/28/13

AUNTIE'S APT.
L.D. IS LOST...

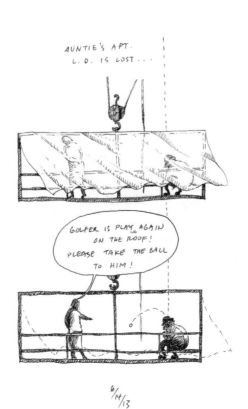

GOLFER IS PLAYING AGAIN
ON THE ROOF!
PLEASE TAKE THE BALL
TO HIM!

6/14/13

L.D. REACHES THE ROOF TOP.

7/14/13

《小侦探：寻书记》奥德堡年度汇报
Little Detective Zumtobel
2017 年

特别年报的由来

总部位于奥地利的照明设备公司奥德堡每年都会邀请平面设计师、艺术家和建筑师制作年报，这是该公司的传统。公司对年报设计只有一个要求：必须体现"光"的主题。当然，这套书也必须包括年报的内容。

小侦探通过光寻找年报

我们把年报分成两册。作为张永和《小侦探》绘本的续集，第一册被命名为《小侦探：寻书记》，第二册被命名为《书：奥德堡集团 2016/17 年报》。两册书通过一段叙述联系起来。正如第一本书的书名所示，小侦探被他的姑姑派去寻找一本书。他穿过室内室外无数的空间，每一个地方都有独特的光照条件。最后，小侦探打开了地下室的一盏灯，找到了那本书，也就是这套书的第二册，即年报。这套图画是张永和手绘的，中间还穿插着非常建筑的建成作品照片。此外，我们还借鉴了中国古代的书匣，为这套书设计了一个封面盒，将两本书包装在一起。

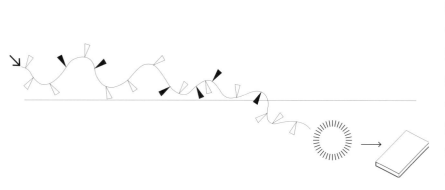

∨ 合上的书匣

∨ 书匣打开，内有两本书：
《小侦探：寻书记》（左）和《书：奥德堡集团2016/17年报》（右）

∨ 翻开的《小侦探：寻书记》

∨ 两本书都翻开

《小侦探：寻书记》内页

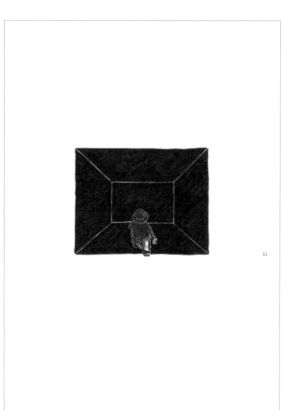

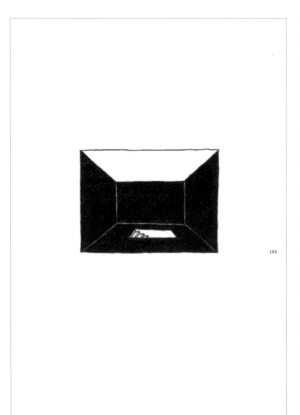

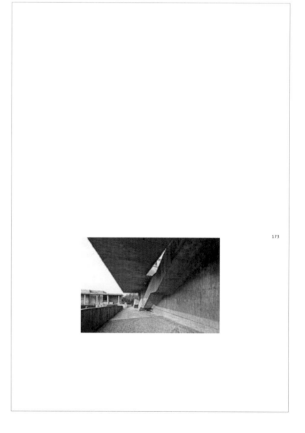

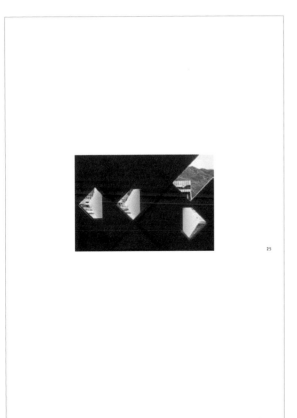

25

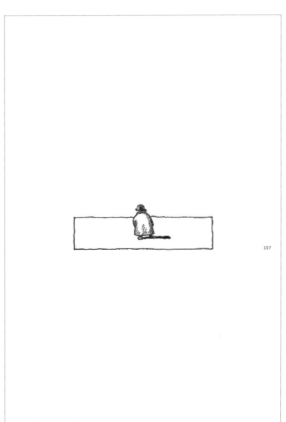

107

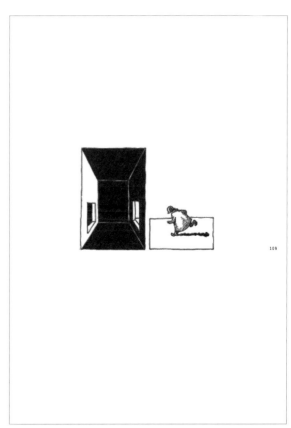

109

∨ 在上海当代艺术博物馆展出中的空间装置

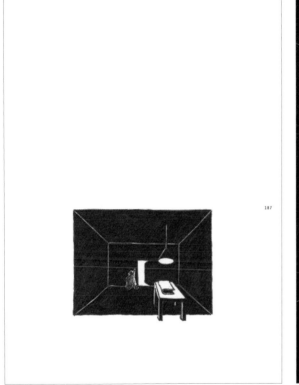

187

[故事体验]
故宫文物南迁纪念馆
Forbidden City Cultural Relics Museum

中国，重庆
2020 年

铭记历史

该项目位于重庆长江南岸的一处陡坡上。自1891年开始，一家瑞典贸易公司——安达森洋行在这里陆续修建了办公场所和仓库。抗战时期，故宫文物南迁时曾在此短暂存放，其间也得到了瑞典商人的保护。如今，大多数建筑依然留存，但是都遭受了不同程度的损坏。

故宫归来

为了纪念这一历史事件，北京故宫博物院计划在安达森洋行的旧址建立故宫学院重庆分院及故宫文物南迁纪念馆，其中包括报告厅、展览空间、工坊、儿童教室、文创产品商店和茶室等空间。

延续与更新

我们的工作沿着两条线平行展开：第一，用木工、夯土、砌砖等传统建造技术对原有建筑进行修复；第二，设计出能够融入原有历史建筑群的新建筑。

我们把建筑剖面作为"公分母"，即新旧建筑应该全部具有相似的空间形式，具体而言，就是都采用线性平面、双坡屋顶。就文物保护建筑而言，这意味着其剖面空间形式由木框架和青瓦屋顶限定。对于原有结构已坍塌的部分，我们将保留下来的原有木桁架与新胶合木桁架相结合，重新构建了一个开放空间。在新建筑中，我们以钢制弯曲框架和石板瓦屋面构成剖面的形式。最终，我们希望来访者能够体验到从1891年至今的建筑变迁和时间延续。

∨ 场地位于长江岸边

COMMENTS 评论

拉胡尔·梅赫罗特拉（Rahul Mehrotra）
美国哈佛大学设计研究生院教授
RMA 建筑事务所（Rahul Mehrotra Architects）创始人

该设计的特别之处在于，张永和运用剖面设计的方式将历史与当代的元素通过流线组织和屋顶形式关系巧妙地编织起来。屋顶差异及材料选择的含蓄在既保证当代手段完美融入又强化历史天际线的同时，使建筑设计对现状的介入充满了魅力。

> 纪念馆全景

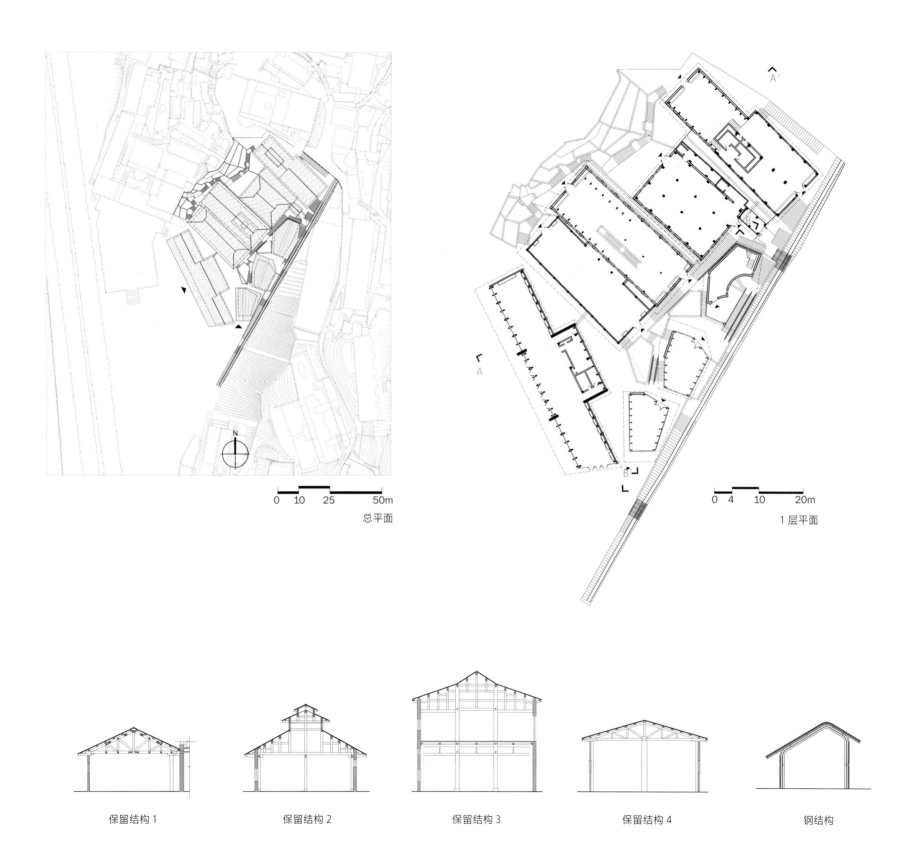

0 10 25 50m

总平面

0 4 10 20m

1层平面

保留结构 1　　　　　　　保留结构 2　　　　　　　保留结构 3　　　　　　　保留结构 4　　　　　　　钢结构

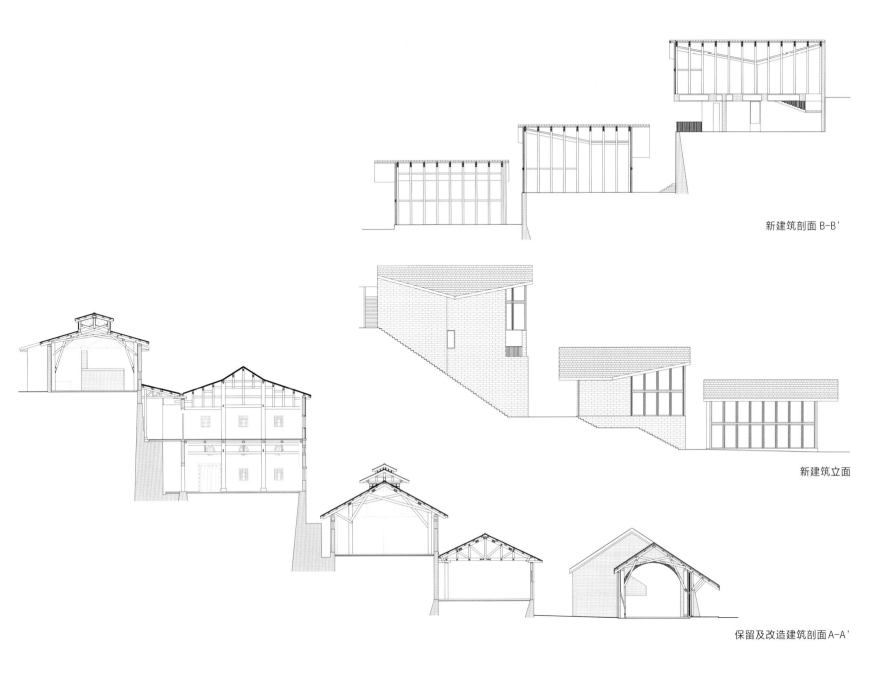

新建筑剖面 B-B'

新建筑立面

保留及改造建筑剖面 A-A'

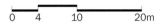

0　4　　10　　　20m

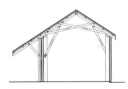

木桁架结构 1

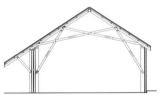

木桁架结构 2

木桁架结构 3

木桁架结构 4

木桁架结构 5

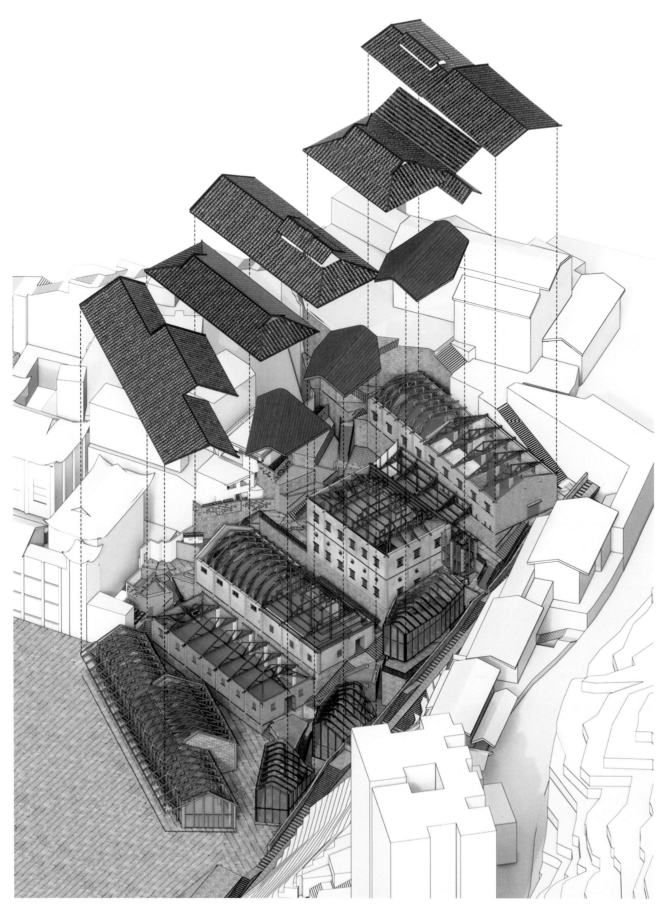

< 分解轴测

356

石板瓦屋面

∨ 新旧屋顶

从前广场看纪念馆

∨ 加深的檐下空间

青石台阶原貌

∨ 保留青石大台阶，新老建筑分布左右

修复建筑的原始状态

∨ 修复建筑中的展览

∨ 新建筑：钢曲框架

[时空体验]

《竹林七贤》

Seven Sages of the Bamboo Grove

中国，北京

2015 年

戏剧

《竹林七贤》是一部空间剧，讲述了七位意气风发的文人的故事，是对一个中国魏晋时代的传说进行的当代诠释。

概念剧场

我们用脚手架建造了一个向四面开放的高度抽象的剧场，脚手架可以被看作竹林，也可以被看作宫殿中的柱子。所有的舞台道具都悬挂在脚手架的顶部，包括布景中的山、云、月，以及暗示宫殿室内的屋顶和屏风，这些道具都可以随着剧情的展开升起或降下。

一片式戏服

所有戏服均由太空棉制成。每件长袍均为完全相同的圆筒，只是在不同位置剪开了七剪，由演员们随性地穿着。根据角色在剧情中所属的氏族，戏服分为白色、黑色和红色。复杂的角色穿双层戏服，比如，在红色长袍外面套一件黑色长袍，或者在黑色长袍外叠加一层白色长袍。

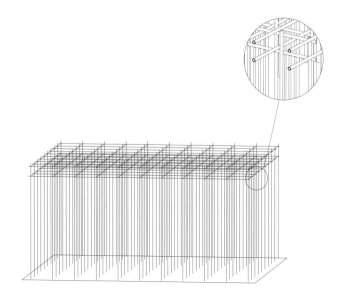

∨ 舞台及道具，张永和手绘

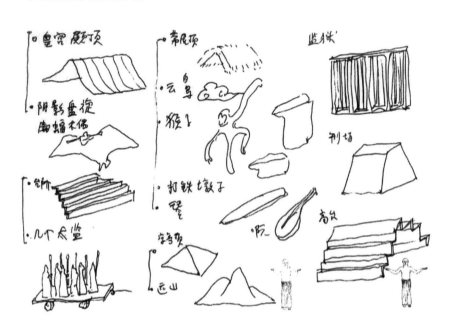

> 演出进行中

366

1   < 1 宫殿场景

2   < 2 山中场景

概念草图：随机剪切的布筒，张林淼手绘

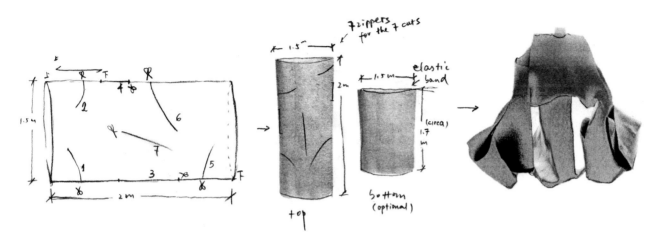

为"七贤"设计的戏装

∨ 演员身上戏装细部

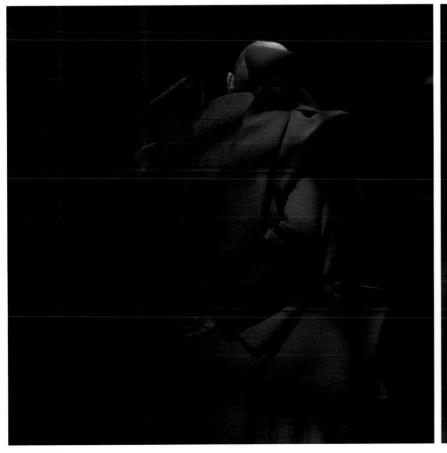

[时空体验]

未名美术馆
No Name Art Museum

中国，浙江，乌镇
2022 年

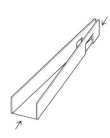

我们的建筑设计深受艺术家吴大羽先生的诗画影响。

时间：吴大羽的诗引发我们去探究建筑中的时间维度。时间可以被设计吗？以法国哲学家弗朗索瓦·朱利安（François Jullien）《论"时间"》一书作为理论引导，我们对中西方的时间进行了比较。

经典的西方时间：观察者在时间之外；时空是分离的；时间是匀速、可分割、单向流逝的，且有始有终。明确定义过去与未来，但几乎无法定义现在。可称为客观时间。

传统的中国时间：观察者在时间之内；时空是一体的；时间是变化、连续、迎面而来的，且无始无终。这个时间永远是现在。可称为主观时间。这种时间的弹性可以被转化为设计的可能性。

以九曲桥为例：如果一个水面直接跨过去需要走 3 步，九曲桥折了 9 次，那么人们可能就需要走 27 步，时间也就延长了 8 倍，空间的感受也随之扩大。

我们把中国时间观和西方透视法结合，设计了一系列楔形空间，包含功能空间和纯建筑空间：这些空间从一个方向被透视夸大，又在另一个方向上被压缩；于是时空感知不断变化，显现了时空的不可度量性，带来的是更丰富的时空体验。访客在时空中迷失，步入一个发现之旅。未名美术馆是一个时空游戏场。

空间：美术馆建筑本质上提供的是"游"的体验，空间及空间关系自然成为设计焦点。除了透视设计，我们引入了"纯建筑空间"的概念，即一系列室外或半室外空间，构成功能空间之间的过渡；它们的形状具有戏剧性的张力，强化了"游"的过程。建筑群总体的格局用"院"和"进"进行组织，形成与传统的对话，同时构成在透视游戏之上的又一空间体验层次。

形式：对时空和体验的关注摆脱了静态的构图，即解除了立体的建筑体量之间及二维的立面元素之间的形式关系。在此，瑞典建筑师莱弗伦兹的工作对我们的启发是巨大的。

结构：项目的结构部分采用无梁混凝土板柱体系，部分为钢结构框架体系。

地域 + 材料：除了在空间上，我们在建筑的材质和色彩上也师法传统江南，用黏土瓦屋顶、黏土瓦墙面及素混凝土墙面构成黑白灰的含蓄色调。

˅ 吴大羽的画作

˅ 吴大羽的10平米画室

˅ 未名美术馆中的10平方米展览阁楼

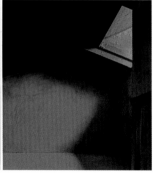

> 梭形院

吴大羽的诗《金刚》生动地描绘了建筑体验的动态性和变化性

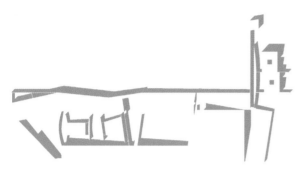

影子想骗过形体

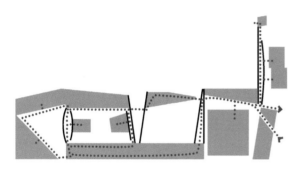

时间在嘲笑空间

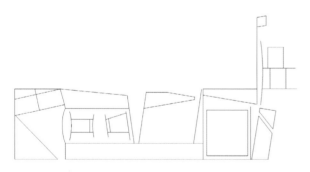

我没声又没踪影

出入光阴的黑暗

同一道墙不同的体验

李翔宁
建筑理论家
同济大学建筑与城市规划学院院长、教授

我始终认为非常建筑的平面设计是中国建筑师中最考究的：从中国科学院晨兴数学楼严谨而收放有度的"微型城市"，到位于上海西岸的垂直玻璃宅最小化居住的简约与功能的概念化，理性的控制和模度化的韵律感始终是非常建筑作品的魅力所在。而这次的设计任务，或许是一次逾矩之旅，一次突破现代主义桎梏的冒险。

从吴大羽的绘画中，可以读出马蒂斯的尼斯时期的色彩和线条。斑斓和灵动的色块构成了对一切先验形式原则的破坏。在江南的水乡小镇设计一座吴大羽美术馆，无法回避的必然是江南"湿润"的建筑气质和将要呈现的作品透明的艺术气韵。建筑，应当如何呼应这样的挑战？

这座只有一层的建筑是非常建筑的实践中非常少见的，没有了多层重复的韵律感和理性规则，简直获得了少有的自在。建筑单元体现了非常建筑对于单纯的空间要素或者说小原型的着迷，如盒体空间、带有透视感的廊道、相机暗盒式的锥体空间、单坡屋顶的长条形建筑。如果说海杜克的"假面舞会"建筑装置是将小的空间单元通过网格的理性系统组合在一起，那么非常建筑的平面则打破了路易斯·康医学中心中服务与被服务空间的分野，并赋予了连接这些小单元的廊道以神圣的地位：廊道成了兼具功能性和连接性的更高层次的"纯粹空间"。它既是串联和围合空间的灵魂，又成为可以让多种不同功能发生的开放场域：观看、交通、游憩、表演、呼吸、冥思的一切行为都在这样的纯粹／复杂的空间中得以发生。

同样，非常建筑擅长的结构／材料的理性表达也被极大地抑制了。随着空间和基地持续变化的空间深度与透视角度，建筑的户外空间似乎具有了大地艺术家迈克尔·海泽（Michael Heizer）随手撒下的几根火柴那样随机的空间特性，结构形式也变得可以信手拈来。在摆脱了理性柱网和模数的限制后，随性而布的异形混凝土柱和少数隐藏的钢框架结构赋予了建筑平面自由伸展的可能性。

在这座美术馆中，非常建筑为我们营造的江南建筑的素色气韵和不断变化的灵动空间，与艺术家吴大羽色彩斑斓的绘画作品一道，自由地飞翔。

（本文节选自《吴大羽美术馆，乌镇，中国》，曾发表于 2017 年《世界建筑》第 10 期。）

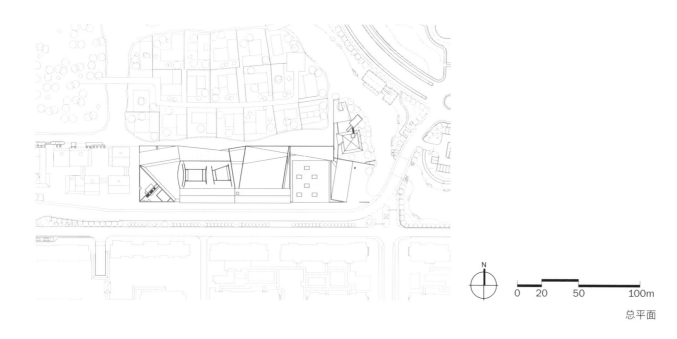

总平面

v 透视空间组合

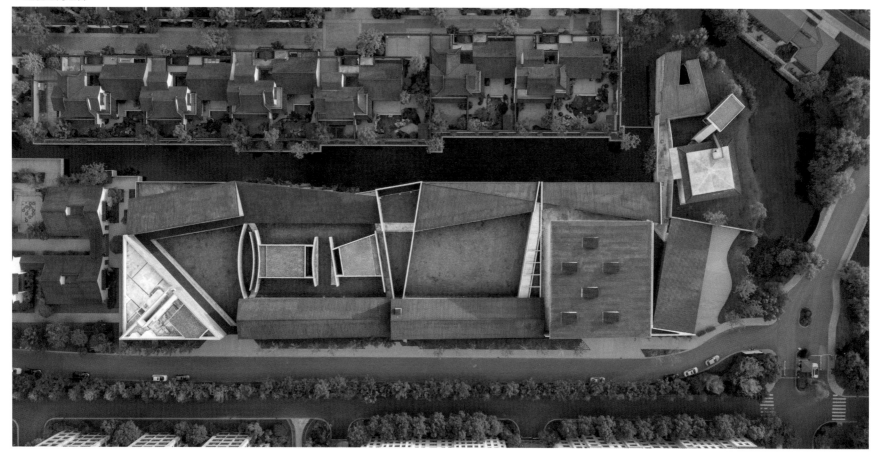

1 接待处及商店
2 画廊
3 办公区
4 庭院
5 茶室
6 工作室—住所
7 商业区
8 客房
9 透视走廊
10 多功能厅

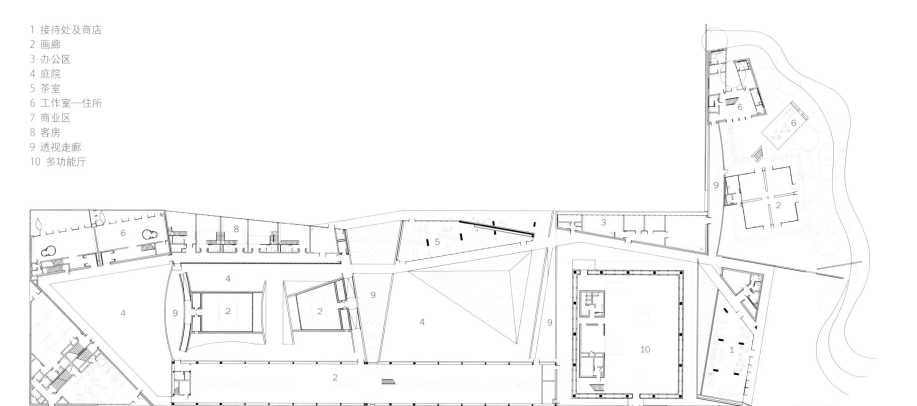

1层平面

南立面

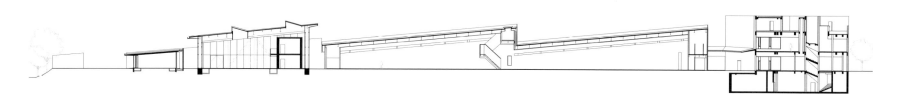

剖面

0   10   25   50m

月牙院

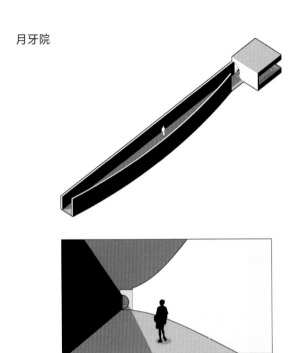

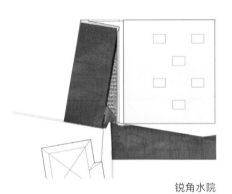

锐角水院

锐角水院（水景待施工）

∨ 俯瞰月牙院

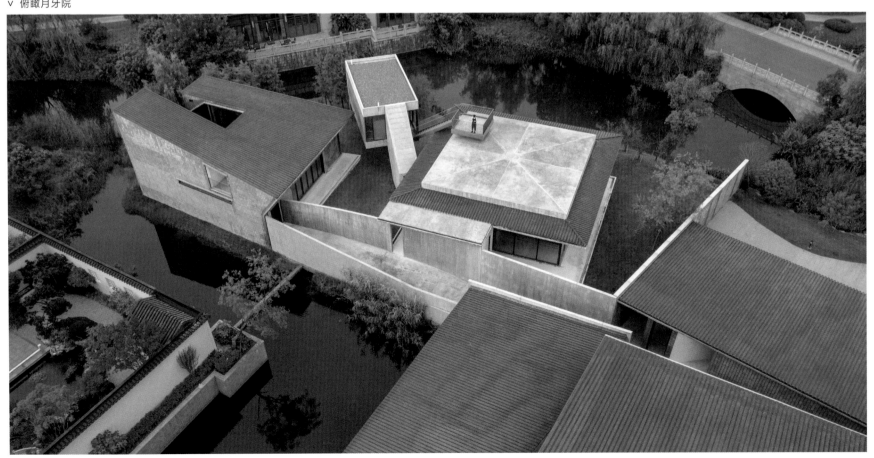

阳光照进楔形院

楔形院

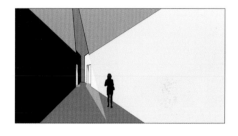

∨ 楔形院的一端通往画廊主入口，一个楔形天井引入自然光

∨ 楔形院沿河一端的狭长开口

水院

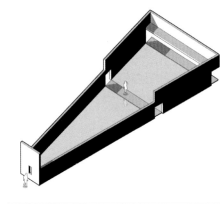

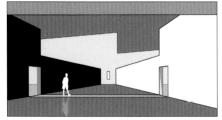

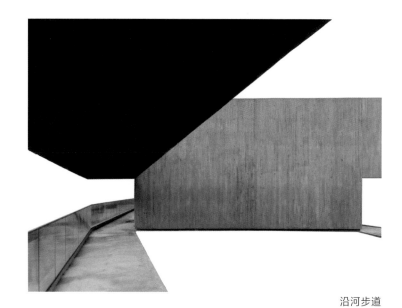

沿河步道

∨ 水院（水景待施工）

梭形院

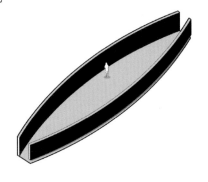

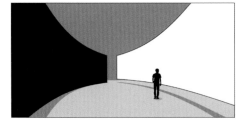

俯瞰梭形院

∨ 室外走廊及半室外走廊交汇

1	3
2	4

< 1 接待处室内
< 2 混凝土无梁板+异形柱结构体系
< 3 多功能厅室内
< 4 画廊室内

瓦贴面墙   碎贝壳灰墙面   青瓦花格墙

∨ 不同材料形成多样的质感

2019 年 4 月 20 日，借张永和与鲁力佳在加州大学洛杉矶分校 (UCLA) 做讲座的机会，*POOL* 杂志跟随他们参观了艺术中心、诺顿西蒙博物馆、甘波尔宅、辛德勒宅和卡弗市的萨米托尔塔。张永和与我们分享了他对怀旧这个主题的见解，以及他如何构建自己的品位、美学和知识的"城堡"。

对话：与张永和"转悠"的一天

第一站：艺术中心设计学院

POOL：我想跟您聊一聊乡愁，我们这一期的主题是 nostalgia，在我看来，中文中意思比较近的词是乡愁。我们既可以聊乡愁，也可以聊 nostalgia。

张永和：其实咱们现在就是在谈一件很有意思的事儿，中文说乡愁，马上就把这个问题定义了。然后如果说 nostalgia（怀旧），也给这个问题下了另外一种定义。作为回答问题的人，如果要对题的话，你得把自己平时的思想方法，置换到这个问题的语言体系里。我还是愿意试一试，不置换。但是当然，你可以做判断。你如果觉得我谈的内容里有乡愁、nostalgia，没问题。你要是觉得没有，也没问题。所以我不做这个判断，因为我并没有多想过这个（题目）。

我都不知道从哪儿谈起。我年轻的时候，对世界有一个认识，这个认识慢慢地不断地在变。我是前天 4 月 18 号生日，63 岁。我现在的确是有很多向后看的倾向，但这并不意味着我以前是一个未来主义者，可能从来也不是。这里面跟看电影还有点关系。很容易解释的。库布里克的《2001：太空漫游》，那里面搭建了一个塑料的未来，材料不是问题，但"嘎

嘣新"是。这种"新"暗示了一个没有历史的未来。如果未来是这样，那我一点兴趣都没有。我呢，更认同《银翼杀手》，它比现在更老、更脏、更破。但是这里有些东西又是我们今天没有的，有什么飞行器，有机器人，种种。这个未来，我能够想象，能够理解。实际上，时间越往前推，这个世界就变得越老。对我来说，更感兴趣的是往后看。这跟我喜欢文艺这档事有关系。

咱们还是先说电影吧。我觉得也不是现在没有好电影，也有，可是没有有突破性的电影。我觉得大概到（20 世纪）70 年代激进电影就打住了。像戈达尔，他会问：什么是电影？他有一个定义，他的定义并不是跟以前的完全不一样，但是把关于电影的所有复杂性都剥掉了。"拍电影，就是把一个东西放到镜头前面。"这个东西可以是一个演员、一件道具，都没有区别。演技、故事，全都被干掉了。这个逻辑还挺逗，先有镜头，摄影机已经架在那儿了。其他的导演，如楚浮、雷乃，他们的作品优劣不说，反正干一天活了，晚上回家起码不是想看那种苦巴巴的电影。雷乃的《广岛之恋》，我看过七遍，不是我爱看，是我七遍才看了一遍完整的。我全都是这段睡过去，那段醒过来。我年轻时候还是挺用功的。

图 1 电影《去年在马里昂巴德》中的场景

图 2 电影《堤》中的场景

我先读了英文版的杜拉斯的剧本，一看觉得还不够过瘾。因为杜拉斯的语言都是简单句，"这是一个男人。那是一个女人"，我觉得法文版应该不难，就买了一本法文的剧本，英法对照着看。的确也不难。这个电影的文学性，就像刚才一开始说的，就是让这个演员没有表演、感情的，像画外音那样念台词。那个女的说：我看到了；男的说：你什么都没看到。就是来回说这个。但是实际上电影强调的文学性，不只是概念的，是在电影里的影像，像广岛原子弹爆炸的纪录片，真的实现了，就是革命性的。

然后是《去年在马里昂巴德》（图 1）。这个电影名就特别重要：去年，一个特定时间；马里昂巴德，"巴德"是德文的浴场，一个特定地点。[必须要看这部电影。]电影在开始时给你一个很明确的时间和地点；后面这个确定性被画面一点一点地化解了；看到最后，你既不肯定是去年，也不肯定在哪里。这部电影不难懂，但非常慢；因为没有娱乐性，你未必喜欢，但你还不会忘记它。它又是那种革命性、突破性的电影。把不确定性带入人们的时空体验，也是我们现在做的吴大羽美术馆（后更名：未名美术馆）设计中所追求的。

我再给你举个例子：《堤》（图 2）。[就快变成全是在谈电影了。]导演是克里斯·马克（Chris Marker）。我说的这个例子有点极端，但是极端本身不是问题。他实现了一个想法，并把它清晰地呈现了出来，这个是特别棒的。这个人对电影的理解和新浪潮的就完全不一样。《堤》这部电影，实际上是一组相片，完全是静态的。有一个人告诉我，到最后，终于动了，有一只眼睛眨了一下。我看了五六遍，每次都没看到。《堤》的中文翻译有问题，"La Jetée"实际上是机场航站楼屋顶上的瞭望台，是看飞机起飞和降落的地方。电影一开始的时候出了一个事件，有一个人在叙述；然后他躺在一个医院病床上被治疗，等等。简单来说，你听他讲到最后，发现原来最开始的事件，就是"我"被暗杀时的情景。所以整个故事都是他身后的叙述，全都是通过一帧一帧的静态的照片讲的。这算是挺好看的，不像新浪潮的一些电影能够很闷很闷。

这些东西我就特别喜欢，我用电影是给你举个例子。咱们现在在 Art Center（艺术中心），再合适不过了，咱们可以谈家具设计、汽车设计、服装设计，服装当然就是关乎人怎么穿衣服，因为人穿衣服和行为、举止，都是有关系的。穿这么烂，你就随便坐，也不用端着。普林斯顿有两三个教授讲文明的败落，他们举的例子是英国。如果你不确定他们描述的现象是确实存在的，在随便一个有海外频道的地方，你去看看意大利电视节目，我也不懂意大利文，也不用懂，就是那种庸俗，甚至就是那种下流的行为，都看得见。就是说，从大众媒体就可以看到意大利文明的堕落。我觉得好像比他们研究的英国的案例有过之而无不及。如果以这个说法来说明我为什么对 70 年代以前的东西有好感，当然就比较说得通，否则的话，我是一个喜欢电影，喜欢设计，喜欢建筑、家具等各式各样东西的人。这些东西我都是喜欢老的，而且是不同年代的。

POOL: 但是您在谈这些的时候并不是出于 nostalgia。

张永和：不是。我 1956 年出生，在当时的北京，我并没经历过我现在感兴趣的许多过去年代。nostalgia 讲的是，我原来是怎么样的，我现在不是怎么样的，我怀念原来那个状态。而我不是怀念，我以前没经历过。举个例子吧：我在一九八三、八四年，发现了披头士的音乐，它对我来说是全新的。我 1981 年到美国，没有 60 年代音乐的概念。我喜欢披头士，不是因为它老，而是因为它新，至少对我来说是新的。就这样，我不断发现这些过去的东西，所以有的时候真有一种时间错乱的感觉。

又好像听巴赫的音乐，听得高兴了，就有一种感受，这不是给我写的吗？但这可是三百年前的宗教音乐，教堂里的。[笑] 我还觉得羽管键琴有点意思。（羽管键琴）有的时候被认为是钢琴的前身，当然也不

完全是了。最近我又在听吉他翻奏的文艺复兴音乐，（这种音乐）当时是用鲁特琴演奏的，一个弦很多的弹拨乐器。我现在很好奇，想听听鲁特琴的声音是什么样的。更有意思的是，在后现代时代的今天，一个当代人选择了演奏五百年前的音乐，就是说你可以做出自己对时间定义的选择。因为我们出生的年代也不是我们选的，既跟我们很有关系，又跟我们没什么关系。所以，现在我跟你说的这个世界，是通过一点点音乐、一点点电影搭起来的。那是我自己搭的。这个世界里面的时间当然是错乱的，但没有关系。有一个人，比利时绘本艺术家冯索瓦·史奇顿（François Schuiten），他的未来主义的标签并不准确。他城市里描绘的人，穿的衣服是文艺复兴时代的；建筑都是装饰艺术时期的，有些是建筑师 Victor Horta（维克多·霍塔）设计的，比利时布鲁塞尔的传统；飞行器是未来的。就是这样子。

POOL: 自己搭起来的。

张永和：瞎编的。但是编得很奇妙。

第二站：诺顿西蒙博物馆

【我们在美术馆里走散了，各自看着画。张永和找到 *POOL*，说想带我们去看几幅画，也许能更好地解释他之前说的自己搭建的世界。】

张永和：昨天就有人问起我的东西方的经历。我也说不清楚。在东西方两边跑就是我的经历，不管我喜欢不喜欢，都是无法改变的，但对我影响很大。

这美术馆里有些画就属于我经历的一部分。

【张永和带着我们走到一幅画前】

这是 18 世纪的意大利画家提埃波罗的作品，天顶画（图 3）。我有过一位老师，一个南非的英国人，罗德尼·普雷斯。他一次问我说，提埃波罗为什么那么擅长画仰视的人物，画天使。他没有告诉我答案，很久以后我才琢磨出来。这张天顶画是在一个意大利城市里画的，应该是在威尼斯。当然是在威尼斯，因为只有威尼斯有这些运河，坐在船上的人会常常仰视看岸上的人。所以，提埃波罗比别的艺术家更会画仰视，是因为他仰视的体验多。我这位老师给我出的这道题等于给我上了一课，我终生都记得。文艺复兴早期的几个艺术家，也是这个一直在搭的世界的一部分。这个世界里有和建筑师有关系的东西，像透视，也有和建筑没有关系的东西。就这么不断地积累。对我来说，我觉得能做到的最厉害的事，是把过去，至少过去五百年的文化，不间断地吸收。如果真做到了，生活不是更有趣一点吗？

【继续走到另一幅画前】

这是古典主义，巴黎美术学院派的画家安格尔，他那会儿画的画，会把笔触都磨掉，用细砂纸打掉。所以这里没有任何笔触，光溜溜的。到他的时代，绘画已经受到摄影术的威胁了。这个路子的画到他这儿，也可以说就是终结的开始。同时，德拉克洛瓦就开始表现笔触了，就是表现制作过程，让你知道是有一只手一笔一笔画的，艺术家开始现身了。这些对我来说都特有意思。因为我自己喜欢画画，

我画得不好，但我画的那两下子足够让我去对这些故事感兴趣。

POOL: 时间是错乱的。

【走到一幅小小的戈雅的画面前】

张永和： 这张是戈雅的，西班牙画家。他的古典功底也很深。于贝尔·罗贝尔就跟专门画建筑渲染图似的，他是一个法国人。反正看多了，它们对我的生活就产生了所谓的影响：看到这几张，就像见到老朋友。一直在建的那个世界，不是就在这儿吗？

第三站：甘波尔宅

张永和： 罗德尼·普雷斯不像现在的人那么能说，善于表达自己。有时候也觉得他在装。

鲁力佳： 真是的，你是他的学生又认识他那么多年，你还不觉得他那是装的吗？

张永和： 当时（20 世纪 80 年代）的 AA（建筑联盟学院）的文化，就是一句话不能说完整。

鲁力佳： 我们认识另外一个这种人，故意地不说完一整句话，然后让你猜，这基本上是一种养成的毛病。

张永和： 如果他一直装，它就变成一种教学法，他是逼你想。所以学习可以是很痛苦的一件事儿。你问一个问题，他就会反问你：你说这怎么样？你觉得怎么样？

图 3　提埃波罗《美德与高尚的寓言》收藏于诺顿西蒙博物馆
© 诺顿西蒙基金会

鲁力佳：我觉得这里还有一个情况，就是当年的学生跟现在的学生也很不一样。当年没有像现在资讯这么发达，所以学生就眼巴巴地看着老师的嘴，盼着他能说出点新鲜的来。现在的学生不需要，因为媒体太发达了，你从各处都能学到东西。这是一个巨大的差别。所以现在的学生已经没那么信老师了。现在学生还有那么迷信老师吗？那时候看着老师就像看圣人一样。

当时的老师说出来的话，你就不太会怀疑的。对吧？他有这么一个所谓的权威性，会让你比较容易相信。现在是一个很反权威的时代，谁的话都觉得我能批评一下，正好相反。

张永和：可能当时也有明星崇拜的意思。

*POOL：*你当时在美国留学的时候吃得还习惯吗？还挺好奇的，就那个年代。

张永和：我刚到美国那会儿不爱吃沙拉。在大学宿舍里沙拉是随便吃的，可是我觉得那像是给兔子吃的，不怎么吃，所以老是吃不饱。

鲁力佳：张永和当年当学生的时候，能够花生酱三明治天天吃，以至于他有一个香港同学都看不下去了，有一天给他做了一顿饭。那个时候留学生特别艰苦。所以我刚才在感慨，现在太不一样了，张永和当年兜里揣40美金就来了，那时候中国官方只能换40美金，连坐出租车都不够。到了美国落地以后你怎么办？他就带着40美金敢来美国，那是1981年。

等我来的时候，1989年，我兜里揣了2000多美金，就已经觉得是大富豪了。

张永和：我就是看上了她的钱才娶了她，哈哈哈。

鲁力佳：不会吧，张永和？我的2000多美金还是我干了个私活自己挣的。想想现在差别太大了。

第四站：辛德勒宅 (Schindler House)

*POOL：*您刚刚讲那个世界的概念，还有五百年的文化，您现在觉得自己在哪个位置？

张永和：唉呀，被你考住了，我不肯定在哪儿。我实际上就是慢慢地搭，东捡一点东西，西捡一点东西。五百年的起点，因为我是建筑师，是比较明确的，就是15世纪早期，因为那会儿发明透视了。这一说可能过于严肃了，但对我来说很重要。随着一点透视的发明，空间的概念建立起来了，人可以明确地知道自己在空间里的位置。我觉得这事儿还是特别有意义的。"透视"这个中文翻译特别准确，两个字都特别有空间感，暗指纵深。透视改变了建筑学的思维方式，比如说，纵深从此具有了审美价值。透视成了一种感受。从那时开始，就不会让任何东西堵在中间了，不会让一个洗礼堂堵在那了，像第一幅《理想城》画里那样。最好是一个像凯旋门似的东西，对吧？古罗马有凯旋门，可是后来在巴黎，被真正设计进城市空间的透视里去了。当然，把透视作为起点，也就是把文艺复兴作为起点。我对那个时期画中空间的演变也非常感兴趣。后面绘画的革命不断。今天不是说到德拉克洛瓦和安格尔吗？他们之间的争论其实不是简单的磨平的画面，还是有质感的画面。质感是人画画的时候的行为，是动作的痕迹，所以他们的争论对油画的发展有意义。谈电影时不是说到拍一个镜头前的东西、一个物体嘛。那画画画的是什么？画的不是人，也不是任何的形，也不是景观，更不是一个故事。画的就是光，提出这个观点的就是印象派。这就到了 19 世纪中后期。有意思的事情太多了，我不是从历史的角度看这些事儿，而是根据自己的兴趣（将它们）连一条线，一直到 20 世纪 60 年代的美国的艺术，到抽象表现主义。

POOL：您大概在多少岁才形成一个比较踏实的建筑观，还是说一直在发展？

鲁力佳：他成长得很慢，而且还特乱。

张永和：反正我真是谢天谢地还回到建筑的本体了。那时候我真不确定。鲁力佳，你觉得我还是回来了吧？

鲁力佳：不肯定。［笑］

张永和：当时就是我 AA 的老师（指普雷斯）有一次跟他一个同学说话，我不知道为什么我在边上，就听他们俩说谁谁又跟风啊，又看见什么东西就去做。后来我一想我也是，我就是一会儿被这吸引，一会儿被那吸引。后来我就问他，我说：唉呀，我也有这个问题。那时候应该是 1983 年，而且我跟他接触前前后后顶多是一年半。但是他说：噢，你还好，你反正最后都会回来。他跟算命先生似的。

POOL：那您在这个过程中觉得自己走得最偏的时候，在看什么？

张永和：什么都看，社会问题、环境问题、技术问题。总而言之，在麻省理工（学院）的时候是最乱的。这对我教学、当系主任影响并不大，但实际上我脑子里非常乱。

POOL：虽然说您最开始说没有乡愁，确实听上去我觉得也是这样。但是，有一些项目不可避免的，还是用到了一些可以勾起这种情怀的符号。

张永和：我不会这么想的。因为我认为建筑是实际在场的。建筑是现实，而不是另外一个现实的再现。在场意味着有什么就有什么，没有就没有。一个人在建筑现场产生了联想，那是那个人的事。作为建筑师，我不可能定制联想，因为每一个人都不一样。

（这篇采访首发于 *POOL* 杂志 2019 年春季第 4 期。*POOL* 是美国加州大学洛杉矶分校建筑与城市设计系的学生杂志。）

张永和 / 非常建筑

张永和曾在中国和美国学习，1984 年获得美国加利福尼亚大学伯克利分校建筑学硕士学位，1989 年成为美国注册建筑师，1992 年与鲁力佳成立非常建筑工作室。非常建筑的作品涉及建筑、城市、景观和室内设计等多个领域，同时还从事家具、产品、服装、首饰、舞台、展览以及艺术装置的设计。

张永和与非常建筑获得了很多奖项和荣誉，包括 1987 年日本新建筑国际住宅设计竞赛一等奖、1996 年美国进步建筑表彰奖、2000 年联合国教科文组织艺术促进奖、2006 年美国艺术文学院建筑学院奖、2016 年中国建筑传媒奖实践成就大奖，以及 2020 年美国建筑师协会建筑成就大奖（吉首美术馆），并在法国巴黎国际大学城"中国学舍"建筑设计竞赛（与 Coldefy 事务所合作）中获胜。事务所还参与了许多国际艺术和建筑展，从 2000 年开始参加了 6 次威尼斯双年展。非常建筑的多件产品、建筑模型和装置被多家博物馆及展览组织永久收藏，包括英国维多利亚和阿尔伯特博物馆、日本越后妻有大地艺术三年展、中国美术馆、中国深圳何香凝美术馆、中国香港 M+ 博物馆等。张永和及其团队还出版了数本著作。

张永和曾在美国和中国的多所建筑院校任教；2005—2010 年任麻省理工学院建筑系主任；2011—2017 年担任普利兹克奖的评委。2019 年，张永和当选为美国建筑师学会院士。

项目信息

晨兴数学楼
项目业主：中国科学院晨兴数学中心
项目地点：中国北京市海淀区中关村东路 55 号
主持设计：张永和
项目团队：刘宏伟、王晖、鲁力佳、韩若为
建筑面积：2500 m²
结构咨询：中国科学院北京建筑设计研究院
结构：混凝土剪力墙结构

桥馆
项目业主：四川安仁建川文化产业开发有限公司
项目地点：中国四川省成都市大邑县安仁镇
主持设计：张永和
项目团队：刘鲁滨、吴瑕、郭庆民、梁晓宁、冯博
建筑面积：2114 m²
设计合作：深圳市鑫中建建筑设计顾问有限公司
结构：钢筋混凝土巨型框架结构、竹模清水混凝土

21cake 上海黄浦店
项目业主：上海廿一客食品有限公司
项目地点：中国上海市黄浦区 SOHO 复兴广场
主持设计：张永和
项目团队：Simon Lee、韩书凯、常诚、尹舜
项目面积：33 m²
材料：可丽耐人造石、瓷砖

21cake 上海宝山店
项目业主：上海廿一客食品有限公司
项目地点：中国上海市宝山经纬汇
主持设计：张永和、鲁力佳
项目团队：Simon Lee、张敏、李帅
合作研发及制作大豆桌、小推车：曲美家居
设计合作：北京中建恒基工程设计有限公司
设计面积：167 m²
材料：水磨石、涂料、防火饰面

吉首美术馆
项目业主：吉首市德夯风景名胜区管理处
项目地点：中国湖南省吉首市乾州古城
主持设计：张永和、鲁力佳
项目团队：梁小宁、杨普、刘昆朋、粟思齐、饶岗
建筑面积：3535.4 m²
结构咨询：常锃
设计合作：湖南省交通规划勘察设计院
结构：钢桁架结构、钢筋混凝土拱结构

之字大厦
项目业主：中交（郑州）投资发展有限公司
项目地点：中国河南省郑州市郑州东新区
主持设计：张永和
项目团队：杨普、吴瑕、梁小宁、冯舒苊、饶岗、王玥、张博文
设计合作：中国建筑标准设计研究院
幕墙咨询：北京咨周建筑幕墙设计咨询有限公司
灯光顾问：栋梁国际照明设计（北京）中心有限公司
建筑面积：39 172.10 m²
结构：筒中筒无梁楼盖结构

嘉定微型街区
项目业主：上海嘉定工业区
项目地点：中国上海市嘉定区嘉定工业园区
主持设计：张永和
项目团队：Dan Chen、刘靖、刘向晖、蔡峰、董书音、林方杰、刘扬、郭庆民、吴瑕、黄舒怡、沈愉恒、赵春雷等
设计合作：上海建筑设计研究院有限公司
建筑面积：70 085.7 m²
结构：框架混凝土拱结构、钢桁架结构

青浦桥

项目业主：上海青浦区建设和管委会

项目地点：中国上海市青浦区

主持设计：张永和

项目团队：蔡峰、吴回飙

建筑高度：745 m

结构：钢筋混凝土结构

厚薄折

项目业主：富美家

主持设计：张永和

项目团队：沈海恩

材料：人造石

葫芦

项目业主：品家家品有限公司

主持设计：张永和

项目团队：沈海恩、郭庆民

材料：骨瓷、玻璃、不锈钢

一片荷

项目业主：阿莱西

主持设计：张永和

项目团队：鲁力佳、杜宝立

材料：不锈钢

单位钢椅

主持设计：张永和

项目团队：白璐

材料：钢

2D-3D 旗袍

主持设计：鲁力佳、张永和

项目团队：张林淼

帐桌

主持设计：张永和

项目团队：邢大伟、郭庆民

设计合作：无有

材料：木

我爱瑜伽

项目业主：曲美家居

主持设计：张永和、鲁力佳

项目团队：郭庆民、韩书凯、邢大伟

材料：曲木

重组拿破仑

项目业主：上海廿一客食品有限公司

主持设计：张永和

京兆尹餐厅

项目业主：北京京兆尹餐饮文化有限公司

项目地点：中国北京市东城区雍和宫大街

主持设计：张永和

项目团队：王玥、郭照玮、邢大伟、Dan Chen、吴瑕

建筑面积：1298.5 m^2（地上）

材料：木、砖、瓦

校园回廊

项目地点：中国北京市海淀区

主持设计：张永和

项目团队：何泽林、冯纾苨、吴瑕

结构咨询：常锺

设计合作：北京中建恒基工程设计有限公司

建筑面积：28 995 m^2

结构：实木、互承结构

诺华上海园区实验楼

项目业主：诺华（中国）生物医学研究有限公司

项目地点：中国上海浦东区

主持设计：张永和

项目团队：Simon Lee、Dan Chen、Keith Goh、冯纾苊、李相廷、郭照炜、常诚

施工图设计：同济大学建筑设计研究院（集团）有限公司

室内施工图设计：苏州金螳螂建筑装饰股份有限公司

景观合作：北京清华同衡规划设计研究院有限公司

建筑面积：141 270 m²

建筑高度：36.45 m

结构 / 材料：钢筋混凝土结构、陶管遮阳体系

砖亭

项目业主：2017 深港城市 / 建筑双城双年展

项目地点：中国深圳市南头古城外南门公园

主持设计：张永和

项目团队：何泽林、吴瑕、刘扬

建筑面积：75 m²

结构 / 材料：钢筋混凝土结构、砖

舍得文化中心

项目业主：四川沱牌舍得酒业股份有限公司

项目地点：中国四川省沱牌镇

主持设计：张永和

项目团队：梁小宁、黄舒怡、张博文、柳超；室内设计：Simon Lee、曾湘燕、张敏、李帅

设计合作：中国建筑西南设计研究院

建筑面积：22 592 m²

结构：钢筋混凝土框架结构

雅莹时尚艺术中心

项目业主：雅莹集团股份有限公司

项目地点：中国浙江省嘉兴市秀洲区昌盛中路 2029 号

主持设计：张永和、鲁力佳

项目团队：尹舜、于跃、刘扬、师琦、潘陈超、吴暇、李相廷、刘萍、谢岩旭、何泽林、龙彬；室内设计：张敏、韩书凯、曾湘燕、李帅；景观设计：师琦、尹舜、林诗洁、谢岩旭

施工图设计：同济大学建筑设计研究院（集团）有限公司设计四院

景观合作：杭州锐格建筑设计有限公司

照明顾问：同济设计集团（TJAD）建筑照明所、深圳市十尧照明设计有限公司

建筑面积：25 000 m²

结构：钢筋混凝土框架

环宅

项目业主：私宅

项目地点：中国北京市

主持设计：张永和、鲁力佳

项目团队：梁小宁、程艺石、杨普、饶岗

施工图合作：北京中建恒基工程设计有限公司

建筑面积：460 m²

结构：钢筋混凝土剪力墙结构、钢结构

中国学舍

项目业主：巴黎国际大学城、北京首都创业集团有限公司

项目地点：法国巴黎十四区

主持设计：张永和、鲁力佳

项目团队：程艺石、Simon Lee、孟瑶

设计合作：Coldefy（法国）

建筑面积：8287 m²

基地面积：2800 m²

建筑高度：24.3 m

结构 / 材料：钢筋混凝土结构、砖墙

温州医科大学国际交流中心

项目业主：温州医科大学

项目地点：中国浙江省温州市温州医科大学茶山校区

主持设计：张永和

项目团队：王玥、于跃、龙斌、梁小宁、Simon Lee、尹舜、李相廷、陈尤优、侯佳丽、吴瑕、刘扬

设计合作：宁波理工建筑设计研究院有限公司

建筑面积：38 770 m²

结构：钢筋混凝土密肋梁结构

中国美术学院良渚校区

项目业主：中国美术学院

项目地点：中国浙江省杭州市良渚

主持设计：张永和、鲁力佳

项目团队：尹舜（一期）、王文志（二期）、王玥、龙彬、黄舒怡、梁小宁、刘扬、柳超、张博文、王硕、程艺石、何泽林、师琦、林诗洁、谢岩旭、焦慧敏、张敏、韩书凯、李帅；现场协调：李诗琪

施工图设计：同济大学建筑设计研究院（集团）有限公司建筑设计三院

照明顾问：同济设计集团（TJAD）建筑照明所

建筑面积：18 000 m²

结构：钢筋混凝土框架结构、拱顶

可开放幼儿园

项目业主：北京市海淀区教育委员会

项目地点：中国北京市海淀区

主持设计：张永和

项目团队：梁小宁、栁超、张鹤

设计合作：北京维拓时代建筑设计股份有限公司

基地面积：4300 m²

建筑面积：4980 m²

结构：钢筋混凝土框架

垂直玻璃宅

项目业主：上海西岸开发（集团）有限公司

项目地点：中国上海市徐汇区龙腾路

主持设计：张永和、鲁力佳

项目团队：白璐、李相廷、蔡峰、刘小娣

施工图合作：同济大学建筑设计研究院（集团）有限公司

建筑面积：170 m²

结构：钢筋混凝土结构、钢柱和梁、夹层玻璃、钢化玻璃

砼器

项目业主：海尔

项目地点：中国北京市朝阳区

主持设计：张永和、鲁力佳

项目团队：何泽林

结构咨询：许民生

景观设计：北京荒野丛生园艺科技有限公司

材料研发：北京宝贵石艺科技有限公司

建筑面积：184 m²

结构/材料：钢结构、玻璃纤维混凝土

坊宅

项目业主：宁波华茂教育文化投资有限公司

项目地点：中国浙江省宁波市

主持设计：张永和、鲁力佳

项目团队：梁小宁、黄舒怡、武竹青、韩书凯、张敏、何泽林

设计合作：中国建筑上海设计研究院有限公司

设计管理：浙江华之建筑设计有限公司

建筑面积：1255 m²

结构：钢筋混凝土剪力墙结构

山语间

项目业主：私宅

项目地点：中国北京市怀柔区

主持设计：张永和

项目团队：许义兴、王晖、鲁力佳

结构咨询：中昌盛建筑工程事务所

建筑面积：380 m²

结构：钢结构、木檩条（小梁）、毛石承重墙

二分宅

项目业主：北京红石实业有限责任公司

项目地点：中国北京市延庆区水关长城

主持设计：张永和

项目团队：刘向晖、Lucas Gallardo、许义兴、王晖、鲁力佳

结构咨询：徐民生

基地面积：6729 m²

建筑面积：449 m²

结构：胶合木框架、夯土墙

席殊书屋

项目业主：席殊

项目地点：中国北京市西城区车公庄大街

主持设计：张永和

项目团队：尹一木、鲁力佳

建筑面积：133 m^2

材料：钢框架、磨砂玻璃

城市骑行服

主持设计：鲁力佳、张永和

项目团队：张林淼

单车环

项目地点：中国福建省厦门市

主持设计：张永和

项目团队：黄舒怡、程艺石、张博文、王硕

建筑面积：21 056 m^2

结构：钢筋混凝土框架结构、局部钢结构

远洋艺术中心

项目业主：中远房地产开发公司

项目地点：中国北京市海淀区八里庄

主持设计：张永和

项目团队：吴雪涛、王晖、杜锦莉

结构咨询：俞志雄

建筑面积：2900 m^2

材料：U 形玻璃

上海企业联合馆

项目业主：上海国盛（集团）有限公司

项目地点：中国上海市黄浦区

主持设计：张永和

项目团队：臧峰、刘鲁滨、James Shen、王兆铭、王宽、仇玉骁、梁小宁、王琳、吴瑕、邓鸿辉、陈冠楠

结构咨询：总装备部工程设计研究总院

建筑面积：4949 m^2

结构 / 材料：钢结构、再生 PC 管、LED 灯

微型舞台

项目业主：TTF 高级定制珠宝

主持设计：张永和、鲁力佳

项目团队：杜宝立、林宜宣、张丝甜

材料：银

《绘本非常建筑》

出版社：同济大学出版社 / 光明城

作者：张永和 / 非常建筑

脚本：张丝甜、Vince Sze Wing Ho、杨帆、戴盼盼

《小侦探》

出版社：同济大学出版社 / 光明城

作者：张永和

项目团队：张林淼

平面设计：马仕睿

《小侦探：寻书记》奥德堡年度汇报

项目业主：奥德堡集团

设计师：张永和

项目团队：冀雅琼

故宫文物南迁纪念馆

项目业主：融创中国

项目地点：中国重庆市南岸区

主持设计：张永和、鲁力佳

项目团队：何泽林、于跃、龙彬、潘陈超

设计合作：重庆联创建筑规划设计有限公司

基地面积：4692 m^2

建筑面积：2700 m^2

建筑高度：13.7 m

结构：胶合木桁架、钢曲梁柱

《竹林七贤》

项目业主：北京新禅戏剧艺术有限公司

项目地点：中国北京市

主持设计：张永和、鲁力佳

项目团队：张林淼、冀雅琼、邢大伟

设计面积：660 m^2

材料：钢管脚手架

未名美术馆

项目业主：浙江雅达国际健康产业园

项目地点：中国浙江省桐乡市乌镇

主持设计：张永和、鲁力佳

项目团队：Simon Lee、王玥、程艺石、李相廷、吴瑕、刘扬、陈尤优、侯佳利

工地检察与技术配合：胡有彬

结构和机电：同济大学建筑设计研究院都境建筑设计院

基地面积：124 244.34 m²

建筑面积：6159.59 m²

结构：混凝土剪力墙结构、钢结构

图片版权

本书所有插画、渲染图、图解、平面图和照片均由非常建筑提供。

物之意
托马斯·查尔德：14（上）

南东南
The Art Institute of Chicago/Art Resource, NY; gift from George E. Danforth：20（上）
台北故宫博物院：21
Ludwig Mies van der Rohe / VG Bild-Kunst, Bonn – SACK, Seoul, 2023：23

晨兴数学楼
曹扬：24（下），26（下左、下右）

桥馆
曹扬：29，30（下），32，33（下左、下右），34（上上、下），36—37
存在建筑：34（上右），35（下）

21cake 上海黄浦店
田方方：38（下右），39，40（下左、下右），41

21cake 上海宝山店
田方方：42—45

吉首美术馆
田方方：47，48（上左、下），50（下），51（上右、下），52—58，59（下左、下右），60—61

之字大厦
田方方：63，64（上右、下），66（下），67（下左、下右），68—69

嘉定微型街区
田方方：71，74—83

葫芦
Domus：92（下右），93（下）
The PLAN：93（上四图）
品家家品有限公司：94—95

我爱瑜伽
曲美家居：107—109

重组拿破仑
上海廿一客食品有限公司：110（下右），111（下）

京兆尹餐厅
舒赫：113，114，116，117，118（下），119，120（下），121

校园回廊
田方方：127（左上）

诺华上海园区实验楼
吕恒中：131，132，136—140，142—145

砖亭
田方方：146（下左、下右），147，148（下），151（下左、下右），152—153

舍得文化中心
存在建筑：154（下），155，156（下），158（下），161，164—165

雅莹时尚艺术中心
田方方：166（下），167，168（下），170—176，177（下左），178—179

环宅
UK Studio：181，182（下），184—186

中国美术学院良渚校区
田方方：206（下），207，216，218，221，224，225（下左、下右），226（下），227，228（下左、下右）
吴清山：217，219（上），223（下），226（上），229
李诗琪：222（下左、下右），223（上），225（上左、上右）
《回首国立艺术院》，中国美术学院出版社，2020，第 31 页：228（上左）

可开放幼儿园
田方方：231，232（下），234—239

垂直玻璃宅
吕恒中：244，246—249
田方方：241，250

砼器
田方方：254（下），258，261（下右），262—263
日本设计中心：260
海尔集团：261（下左）

坊宅
田方方：265，266（下），267，268（下），270（上右、下右），274，277—281，283，285
李柯良：269，270（左），271（下），272—273，275，284

山语间
付兴：287，288（下右），290，291，292（下右），293

二分宅
舒赫：295，298（下），299（上），302（上），302（下右）
付兴：299（下），300—301，302（下左）
浅川敏：303

席殊书屋
曹扬：305，309—311

远洋艺术中心
曹扬：325（上），325（下右），326

上海企业联合馆
舒赫：329，334，337（上右）
Nic Lehoux：332，335，336，337（下左、下右）

微型舞台
TTF：338（右上、右下），339

《小侦探：寻书记》奥德堡年度汇报
奥德堡集团：348（下左、下右），349（下左、下右），351（下右）

故宫文物南迁纪念馆
DID-STUDIO：352（下），353，358（上），359，360（下），361（右），362，363，364—365
白羽：358（下）
方子语：361（左）

未名美术馆
田方方：372（下右），373，375，378（下），380（下），382，383（下左、下右），384（下），385，386（上右，下），387—389

对话：与张永和"转悠"的一天
诺顿西蒙基金会：393

图书在版编目（CIP）数据

设计研究体验／张永和，非常建筑著；程六一，杜模译．—桂林：广西师范大学出版社，2023.10
ISBN 978-7-5598-6252-5

Ⅰ．①设… Ⅱ．①张… ②非… ③程… ④杜… Ⅲ．①建筑设计－研究 Ⅳ．① TU2

中国国家版本馆 CIP 数据核字 (2023) 第 140712 号

设计研究体验
SHEJI YANJIU TIYAN

出 品 人：刘广汉
责任编辑：冯晓旭
助理编辑：马韵蕾
装帧设计：王　冕

广西师范大学出版社出版发行

（广西桂林市五里店路 9 号　　邮政编码：541004）
（网址：http://www.bbtpress.com）

出版人：黄轩庄
全国新华书店经销
销售热线：021-65200318　021-31260822-898
恒美印务（广州）有限公司印刷
（广州市南沙区环市大道南路 334 号　邮政编码：511458）
开本：889 mm×1 194 mm　　1/12
印张：34 $\frac{2}{3}$　　　　　　字数：353 千
2023 年 10 月第 1 版　　2023 年 10 月第 1 次印刷
定价：388.00 元